珠宝玉石商贸教程系列丛书

翡翠鉴定与评估

第二版

APPRAISAL AND
ESTIMATE OF EMERALD

U0377399

白子贵 赵博 编著

东华大学出版社

图书在版编目（CIP）数据

翡翠鉴定与评估 / 白子贵，赵博编著. —— 2版.
—— 上海：东华大学出版社，2014.9
ISBN 978-7-5669-0608-3
I.① 翡… II.① 白… ② 赵… III.① 翡翠–鉴定② 翡翠
–评 估 IV.①TS933.21

中国版本图书馆CIP数据核字(2014)第205667号

珠宝玉石商贸教程系列丛书

翡翠鉴定与评估

第二版

编　　著：白子贵，赵博
责任编辑：竺海娟
出版发行：东华大学出版社
（上海延安西路1882号　邮编：200051　电话：021–62193056）
新华书店上海发行所发行
印　　刷：杭州富春电子印务有限公司
开　　本：710×1000　1 / 16
印　　张：11.25
字　　数：300千字
版　　次：2014年9月第2版
印　　次：2019年10月第3次印刷
书　　号：ISBN 978-7-5669-0608-3
定　　价：148元

前言

　　盛世收藏，翡翠作为最具投资价值的玉石品种之一日益吸引着越来越多收藏者的目光和大量的社会财富，然而面对翡翠市场的扑朔迷离，常使人云山雾罩、望而却步，以至于长期以来"黄金有价玉无价"。其实并不尽然，翡翠也是一种商品，是商品就存在商业竞争，就会服从市场规律。有规律就必然有其相对应的价值。

　　将多年珠宝经营的经验及珠宝教学的研究成果总结成一套适用于商业贸易的评估方法是我们一直在做的努力，并经过全国范围内大量学员的市场经营、市场实践，逐渐证明了其准确性和可操作性，这套独特的评估理念和方法也在与市场的交流中不断完善。

　　翡翠的评估是根据翡翠最终所展现的美感和它的艺术性即结合人类文明后所蕴藏的文化内涵来评定其相对价值。

　　它的价值涉及玉质本身的美丽程度（如颜色及质地的亮丽、晶莹程度）、耐久程度、稀少程度等，以及其具有的人文内涵。

　　绵延七千年的玉文化是中华民族特有的瑰宝，翡翠文化是玉文化在新时代的发展。翡翠独特的含蓄韵致，是传统文化充满灵性的寄托，它冰莹灵动的质地和光泽、深沉而厚重、温润而圆融、低调内敛中自有宠辱不惊的豁达从容，却又蕴含张扬的风骨，诠释着国人崇尚的品格；它平和又极具生机力的绿色，演绎着东方柔性的生命能量，奋发进取，生生不息的民族精神。

　　它的千姿百态，变幻莫测，包含大千世界的无限可能，它的似透非透，流露出欲说还休，迷离细腻的丰富情感，那是美学的朦胧，哲学的包容，文学的诗意，宗教感的神秘，中华文化的深邃内涵，极易引发东方心灵的共鸣，而它亮丽鲜活的色彩、抛光后略带刚强的质感又带有西方文明的理念。

　　极品翡翠展现的强烈美感，常使人在邂逅的瞬间就砰然心动，宛如重回天地之初最原始的感动和喜悦，承载了生命真善美的本质。翡翠文化是人类文明，是情感意识的世代传承和体现，是自然山川灵秀与人类文化的结合。

　　翡翠在亚洲多年盛行不衰，如今甚至在全球范围内流行，它是如此的颠倒众生，它的娇艳美丽令人迷醉，它方寸之间可以浓缩无限财富，它更包涵了跨域文化疆界的无数内容。

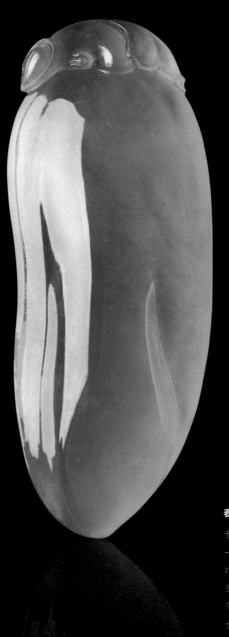

春晓

老坑种翡翠福瓜，凝视间，那
一片新然的翠绿如同阳春三月
的草长莺飞，绿意朦胧中捂不
住春色垂然。标嫩的黄杨绿融
化在莹润如果冻般的质地间，
水漾清新，灵透欲滴。

2012年市场参考价：370万元
尺寸：59X23X9.5mm

目录

第一节 什么是玉

玉石的起源

　　中国是发现古玉最多的国家。玉器起源于旧石器时代晚期，那时候的人们即认识了玉的致密坚实与莹秀温润，在使用石器作为生产工具的时候那些美丽的石头逐渐从实用物品中脱离出来，并被赋予了特殊的意义，从而玉器诞生了。人们用特殊的造型、神秘的花纹和具有寓意的符号装饰它们，寄托自己的艺术情怀、精神追求和宗教心灵。玉来源于石，但又不等同于石，它与石有本质的区别，它应具备美丽、耐久、稀少的特点即"石之美者"，然而它又不仅只是装饰用的美石，玉在中华民族的历史上一直具有非同寻常的地位，是历代政治、文化、道德、宗教等方面无可替代的载体。

　　中国的玉器制作，始于纯装饰品与实用的工具武器，但最迟在距今五千五百年已产生一套完整的礼器系统，反映中国古代特有的宇宙观和宗教意识。到了夏商周三代至秦汉两千五百年时间里，玉质礼器在上层社会生活中扮演着重要的角色，朝享会盟时，玉器是贵族们身份地位的象征，西周时严格的命圭制度，更是封建政权中确立和维护人际关系的方法之一。祭祀时，玉器是祭司和帝王们招降神祇祖先，与神灵沟通所依附的实体，汉代以后，玉器体系因社会变迁而发生变化，逐渐脱离神秘性，融入世俗社会。总之，自新石器时代晚期，玉器就被赋予了形而上学的意义，并演变为国人千百年间崇玉、爱玉的民族心理。千百年间玉是帝王之尊、君子之德，玉在中华民族的心目中即代表了美好、尊贵、坚贞与不朽。

冰地满绿如意

冰地正阳绿，几近完美的组合，天地间有多少钟灵毓秀凝结在这方寸之间，又有多少悠悠岁月成就这绝代风华，此件翡翠种色皆美，雕工流畅饱满，寓意吉祥，收藏佩戴，尽显矜贵气度。

尺寸：35X21X5 mm　2012年市场参考价：76万元

第二节 玉石分类

石英质玉石

石英质玉石的组成矿物主要是显晶质到隐晶质的石英即 SiO_2，可含有云母、绿泥石、铁矿等。主要品种有玉髓、玛瑙、木变石、东陵石等玉石。

长石质玉石

长石质玉石的组成矿物主要是钾长石、斜长石及其变种等集合体即 $XalSi_3O_8$，主要有天河石等。

蛇纹石质玉石

蛇纹石质玉石主要是蛇纹石即 $(Mg,Fe,Ni)_3Si_2O5(OH)_4$，次要矿物有方解石、绿泥石、白云石等。主要品种有岫玉、酒泉玉、南方玉、鲍文玉、威廉玉等。

闪石类玉石

闪石类玉石主要是透闪石组成的软玉即 $Ca_2Mg_5Si_4O_{11}(OH)_2$，次要矿物有阳起石、绿泥石、绿帘石、石英等，主要品种有白玉、青玉、墨玉、碧玉等。

辉石质玉石

辉石质玉石——翡翠。

其它的玉石还有绿松石、欧泊、青金石、孔雀石、萤石等。

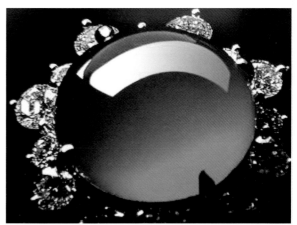

第三节 翡翠的特性

一、翡翠的名称来源

《说文解字》："翡，赤羽雀也；翠，青羽雀也"。原是鸟名。传说翡翠鸟是一种美丽的小鸟，雄性为红色羽毛，雌性为绿色羽毛。

清代缅甸翡翠进入中国后将红者称为"翡"，绿者称为"翠"，统称为翡翠。

翡翠的形成及产地

宝石级翡翠产于缅甸的北部，形成距今大约3500万年至6000万年，由于印度板块与欧亚板块相撞产生高压、低温等条件形成了翡翠。

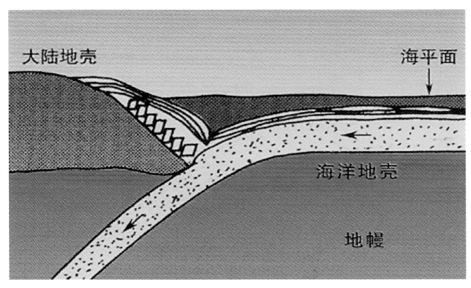

图片来源于秋眉翡翠

非宝石级翡翠在其它地区也有产出，如俄罗斯、日本、危地马拉、美国等。

二、翡翠的组成

翡翠是由辉石族中的硬玉辉石、钠铬辉石、绿辉石单独或共同组成，这三种矿物可以形成类质同象替代，且它们的总含量超过50%则称为翡翠。

硬玉

硬玉是翡翠的主要矿物成分。

化学成分：（$NaAlSi_2O_6$），可含有 Fe、Cr、Mn 等微量元素。

晶形：多为长柱，其次为短柱状、纤维状及混合状态。

颜色：白色（无色）即纯的硬玉岩，含 Cr 呈绿色，含 Fe 呈暗绿色、蓝色及灰色，含 Mn 呈紫色等。

光泽：强玻璃光泽

硬度：6.5 ~ 7.0 且硬度具有方向性，垂直于 C 轴方向大于平行于 C 轴方向。

相对密度：3.34 ±

折射率：1.66 ±

透明度：半透明到不透明

紫外灯：紫外灯下无荧光性

钠铬辉石

1984 年欧阳秋眉老师在干青种翡翠中发现了钠铬辉石。

化学成分：（$NaCrSi_2O_6$）

可含有 Ca、Mg、Fe 等微量元素。

晶形：为柱状、粒柱或纤维状。

颜色：通常呈暗绿色

光泽：玻璃光泽

硬度：硬度较低为 5.5

相对密度：3.40 ~ 3.50

折射率：1.74 含有其他矿物是可低至 1.68.

透明度：一般较差，微透明到不透明。

紫外灯：紫外灯下无荧光

绿辉石

化学成分：（Ca Na）(Mg Fe Al)(Si_2O6)

可含有 Cr、Fe 等微量元素

颜色：常见暗绿色

光泽：强玻璃光泽

晶形：粒状至纤维状

硬度：6 左右

相对密度：3.4 ±

折射率：1.70，含有其它矿物矿物可低至 1.67.

紫外灯：紫外灯下无荧光

墨翠观音

致密的结构带来明亮的光泽，
深沉厚重的色彩更添静穆庄严
的宗教气息，两种抛光技巧的
运用强化玉料的艺术表现力。

尺寸：70X48X12 mm

这三种辉石矿物可以单独或共生在一起组成翡翠。

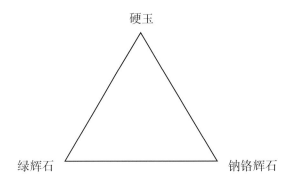

硬玉

绿辉石　　　　　　　　钠铬辉石

伴生矿物（角闪石）

颜色：为深绿色、绿色

晶形：粒状或纤维状

光泽：玻璃光泽

硬度：6

相对密度：3.0±

折射率：1.61±

在翡翠中是一种黑色瑕疵，在皮上称为翡翠中的"癣"

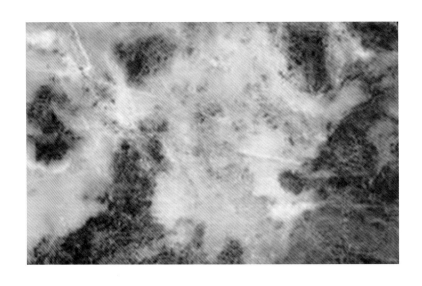

伴生矿物（钠长石 NaAlSi₃O₈）

晶形：板状至柱状

硬度：6

密度：2.52 ~ 2.65

折射率：1.52 ~ 1.54

在翡翠中常作为白色颗粒或细脉出现即"棉"。单独以集合体出现时，行内称为"水沫子"。

次生矿物

次生矿物有赤铁矿、褐铁矿等。

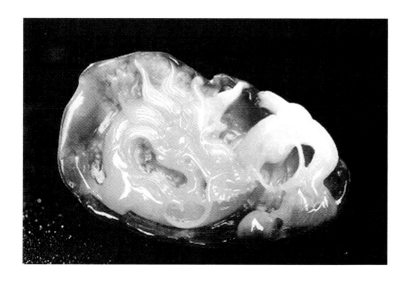

三、翡翠的结构

1. 交织结构

翡翠中的颗粒状、纤维状的矿物呈交织定向排列在一起。此结构一般质地较细，韧性较好。

2. 镶嵌结构

由于翡翠颗粒多数是长柱状，它们彼此互相穿插地集合在一起。

3. 变斑晶结构

由于翡翠的颗粒多为长柱状且互相穿插在一起，当切割为一平面时就会表现出颗粒的大小在变化、形态在变化、颜色也在变化。

四、翡翠的特性

1. 翠性

由于翡翠具有两组解理，在翡翠原料的断面上可以看到翡翠晶体的解理面隐隐约约的反光，且长条状为多，是翡翠特有的性质称为翠性，俗称"苍蝇翅"。翡翠的颗粒越大时，苍蝇翅越大。颗粒越小，苍蝇翅越小。当翡翠结构十分细腻时，抛光后的苍蝇翅则很难见到。

2. 桔皮效应

翡翠矿物晶体的硬度具方向性差异，这种差异硬度导致抛光后的成品翡翠表面常产生凹凸不平的现象，叫做桔皮效应。桔皮效应的形态取决于组成翡翠的矿物颗粒的大小、结合方式及排列方式。由于翡翠长柱状晶体排列方向不一致，导致在翡翠的外表上存在垂直于表面、有斜交于表面和平行于表面的颗粒。长柱状的翡翠颗粒硬度具有方向性，垂直柱面露出的颗粒硬度最大，抛光后呈凸起状。平行柱面露出的颗粒硬度最小，抛光后呈凹下状。斜交的翡翠颗粒则介于两者之间。

桔皮效应的大小取决于翡翠颗粒的大小。颗粒越大，桔皮效应越大；颗粒越小，桔皮效应越小。

　　桔皮效应的明显程度取决于翡翠颗粒的结合方式。翡翠颗粒的结合越紧密，桔皮效应越不明显；翡翠颗粒的结合越疏松，桔皮效应越明显。

　　桔皮效应的明显程度还取决于抛光。软抛光及慢速抛光，桔皮效应明显；硬抛光及快速抛光，桔皮效应不明显。

　　当桔皮效应明显时，肉眼可以直接观察到。当桔皮效应不明显时肉眼很难观察到，这时可借助十倍放大镜或显微镜利用反光进行观察。

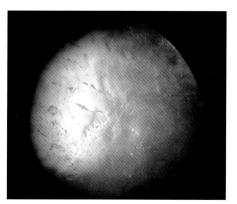
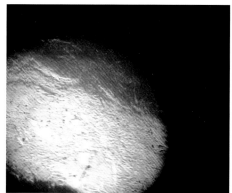

3. 水波效应

　　由于抛光翡翠表面凸凹不平，在反射光下像水波一样波光粼粼称为水波效应。

　　一般的翡翠在反光的条件下肉眼可见水波效应。翡翠的颗粒度与水波效应成正比，颗粒越大，水波越大，水波效应越明显，越具波浪感。翡翠的颗粒越小，水波效应越小越不明显。水波效应与透明度成反比，即水波效应越明显透明度越差，水波效应越不明显则透明度越好。玻璃种翡翠很难见水波效应。水波效应的体现也与抛光程度有关。

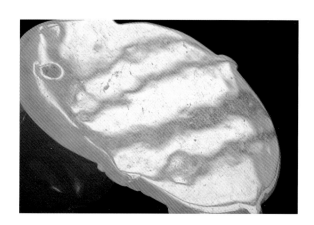

金枝玉叶

老坑玻璃种浓绿色翡翠，造型
灵动，样式古朴端庄，叶片厚
度适中，色阶过度自然柔和，
仿如盛夏雨后葱郁的翠色，光
影流焕中透出最自然蓬勃的生
命动力。

2012年市场参考价：380万元
尺寸：34X24X6mm

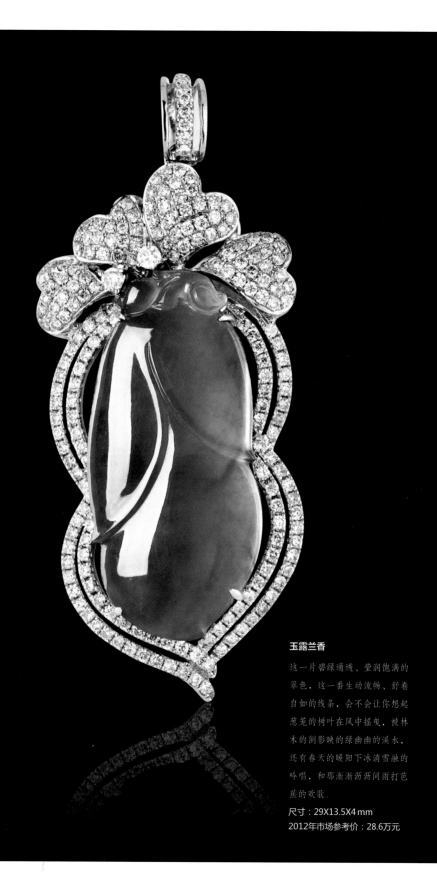

玉露兰香

这一片碧绿通透、莹润饱满的翠色，这一番生动流畅、舒卷自如的线条，会不会让你想起葱茏的树叶在风中摇曳，被林木的倒影映的绿幽幽的溪水，还有春天的暖阳下冰消雪融的吟唱，和那淅淅沥沥间雨打芭蕉的欢歌。

尺寸：29X13.5X4 mm

2012年市场参考价：28.6万元

第一节 翡翠的质

翡翠的"质"指的是质地，是指翡翠颗粒的存在形式及相互关系，即指翡翠的结构。表现于结晶颗粒的大小、形态及其结合方式。

当翡翠的颗粒度小，颗粒间的结合紧密时，透明度好，光泽较强，玉质的细腻温润程度也很好。当颗粒度较大，颗粒间的结合疏松时，透明度较差，光泽也相对较弱，温润程度也不会很好。

影响质地的因素

1. 结晶颗粒的大小直接影响质地的好坏。结晶颗粒越小，质地越好。结晶颗粒越大，质地越差。

按颗粒的大小分成：隐晶质、极细颗粒、细颗粒、中颗粒、粗颗粒及大颗粒。

2. 结晶颗粒的形态及形态的均匀性也影响质地的好坏。

根据颗粒的形态可分成：纤维状、粒状、短柱状、长柱状及混合状。

3. 结晶颗粒的结合方式对质地好坏影响最大。

结晶颗粒结合越紧密质地越好，结合越疏松质地越差。颗粒结合的紧密还是疏松，可以通过肉眼及放大观察颗粒与颗粒的边界线的形态从而间接地确定。

颗粒与颗粒之间的边界线，无明显边界线质地最好，其次是曲线状边界，直线状边界质地最差。

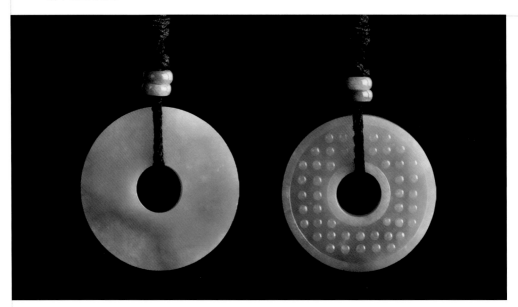

第二节 翠的种

一、什么是种

翡翠的"种"有广义和狭义两种概念。

广义的"种"是种类，即翡翠的品种。如玻璃种、老坑种、乌砂种等，种标志着翡翠的出身，在一定程度上代表了翡翠的品质。

狭义的"种"指翡翠的透明度，即行内的"水头"，将透明度强弱分成0至3分水。翡翠的水是指它的透明度，也称水头。翡翠的水与翡翠的结构构造有关，也就是说与"种"有关；还与杂质的含量有关。那些"种"老、杂质少、粒度大小均匀、纯净度高的翡翠，水就好。

翡翠的种又是指翡翠的结构和构造。是翡翠质量的重要标志。老"种"（也称老坑老厂等）的翡翠，产自于次生矿，结构细腻致密，颗粒微细均匀，微小裂隙较少，它的硬度大、密度高，光泽强烈，是质量较好的翡翠，也有因杂质或颗粒度及间隙较大而透明度不好的情况。

新"种"（也称新坑、新厂等）的翡翠，种翡翠即产自于原生矿的翡翠，质地疏松，颗粒较粗且粗细不均，杂质矿物含量较多，裂隙及微裂隙较发育，密度稍低、硬度较小、韧性较差，光泽较弱。但也有因颗粒度及间隙较小或结合较好而透明度较高的情况。

新老种翡翠介于新种和老种翡翠之间，是残积在山坡原地的翡翠，未经自然或短距离自然搬运的翡翠原料。质量介于老种和新种翡翠之间，新种翡翠中质地非常差的原料可用于制作 B 货翡翠。

种（狭义）＝透明度（水头）

透明度是指翡翠透过可见光的能力。翡翠的透明度变化非常大，从近乎玻璃般的透明到完全不透明，透明度直接影响翡翠的外观。透明度好的翡翠质地通透玉质感强，具有滋润柔和的美感，透明度差的翡翠则显得呆板缺少灵气。透明度的好与差取决于组成翡翠矿物颗粒的大小、颗粒的形态及颗粒与颗粒之间的结合程度。

观察透明度要注重对其晶莹程度的把握，观察颗粒与颗粒的周边是否透明，同时注意抛开杂质裂隙对透明度的影响。

二、影响种（透明度）的因素

翡翠的透明度，是指外部光线透入翡翠内部的程度，俗称"水头"。透明度是评价翡翠质量的重要因素之一。透明度好的翡翠，如玻璃种、冰种等，显示出一种灵气，给人以特别的美感。翡翠透明度的影响因素也是长期以来备受关注的课题，有人从化学成分、矿物成分、矿物组合、结构构造等不同角度进行过大量的研究工作。化学成分、矿物成分、矿物组合、结构构造等都会对翡翠的透明度产生不同的影响，这是造成翡翠透明度差异的内在原因。而我们从以下几个方面进行探讨。

1. 翡翠晶体颗粒的粗细影响透明度

颗粒越细透明度越好、颗粒度越粗透明度越差。

颗粒度越小，其颗粒间的间距越小，颗粒与颗粒间的棉絮等杂质越少，棉絮等杂质越少对光的折射和散射越少，透射光就相对越多，其透明度越好；颗粒度越大，其颗粒与颗粒间的棉絮等杂质越多，棉絮等杂质越多对光的折射和散射越多，透射光就相对越少，其透明度越差。

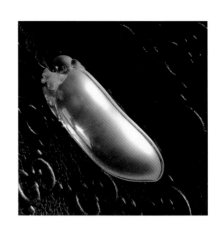

2. 翡翠晶体颗粒的结合方式影响透明度

颗粒结合越紧密透明度越好，结合越疏松透明度越差。

颗粒结合越紧密其间的絮状物等杂质越少，相对透射光越多，导致透明度越好。反之透明度越差。

如：冰种翡翠晶体间镶嵌比较紧密，主要见到一些星点状、团块状、薄雾状分布的矿物内含物絮状物和少量呈丝状分布的微裂隙絮状物，矿物间隙絮状物较少，显示透明度较好。

如：白地青、粗豆种翡翠颗粒间结合较疏松，其中除了出现有大量的丝状、条带状微裂隙。并且在颗粒间的间隙中存在大量的絮状物外，还有云雾状矿物内含物絮状物存在。这些都是由于其颗粒的结合松散所造成的。导致其透明度降低。

3. 翡翠颜色的深浅影响透明度

同样质地的翡翠颜色越浅透明度越好，颜色越深透明度越差。

矿物中致色元素对光线的选择性吸收，也将对其透明度产生影响，如硬玉为无色透明矿物，其中含少量的 Cr 将显示均匀剔透的翠绿色，但随着 Cr 含量的增加，绿色逐渐加深，透明度也将随之降低。

例如：干青种翡翠可出现较好的翠绿色，但在主要矿物颗粒中存在有大量团块状矿物内含絮状物，加之本身是含 Cr、Fe 较高的钠铬辉石矿物、铬铁矿等矿物成分对光线产生明显的吸收，因此其透明度明显降低。

4. 翡翠杂质的存在影响透明度

翡翠的杂质常有其它矿物成分、微裂隙絮状物、晶间间隙絮状物和矿物内含絮状物等。翡翠中杂质的多少直接影响到透明度的高低。不同种类翡翠中存在的杂质类型及数量各有不同，透明度也表现不同。

在不同种类翡翠中，絮状物的存在形式和多少有所不同，反映到翡翠的透明度上也有不同：

微裂隙絮状物。由翡翠受构造应力作用产生的破碎裂隙、愈合裂隙、矿物解理面等引起。由于翡翠是高应力变质条件下的地质作用产物，构造应力作用将导致翡翠产生程度不同的应力破碎，产生微裂隙、破碎矿物微粒，裂隙附近的硬玉等矿物也会出现解理裂隙等。翡翠中显微裂隙、破碎矿物微粒和矿物解理面的存在，构成了翡翠的微裂隙絮状物。结晶颗粒较粗、受构造应力作用强烈的翡翠，微裂隙絮状物较发育；结晶颗粒细小、应力作用不强烈的翡翠，微裂隙絮状物不发育。从而导致了透明度的变化。

矿物间隙絮状物。由各矿物晶粒间结合界面和界面上微细粒杂质矿物构成，絮状物围绕矿物颗粒边缘构成网格状分布，可显现矿物颗粒的轮廓。矿物结晶粗大、结构松散的翡翠，矿物间隙絮状物表现明显；矿物结晶细小、颗粒嵌接紧密的翡翠矿物间隙絮状物表现不明显。同时，翡翠中若存在不同的矿物成分或不同时期形成的硬玉组合出现，由于相互颗粒间存在明显或微弱的折射率差异，也会使间隙絮状物显现出来。从而导致透明度的变化。

矿物内含絮状物。主要为硬玉等矿物形成时所包含的细粒内含物，可分为固相、液相或气液相等内含物类型，内含物常密集分布于单颗粒矿物中，构成团块状或云雾状絮状物。由于内含物与寄生矿物的折射率常有一定差别，使得内含絮状物往往显示较为明显。矿物内含絮状物的出现与有关矿物的形成条件关系密切，显示变质结晶结构、变质斑状结构的粗粒硬玉矿物中常可见到内含絮状物；而显示动力变晶结构、具明显波状消光的细粒硬玉中，内含絮状物较少。从而出现了不同的透明度。

黑色翡翠的透明度较差，并非其自身的硬玉矿物所致，而是由于在硬玉矿物中及其间隙内存在较多细小的黑色杂质（碳质及铁矿等）内含物，这些杂质对入射光线的吸收造成翡翠变为黑色，使得黑色翡翠的透明度明显降低。

对于一般玉石而言，透明度的高低，还取决于组成玉石的矿物本身的透明度。这是玉石是否透明的内在因素。

由组成玉石主要矿物自身的化学成分、微量元素、化学键类型、内部结构等因素所决定。具体可反映在矿物对光线的吸收性上，吸收性大的矿物，透入矿物内部的光线要弱，表现为不透明；相反，吸收性小的矿物，入射光线的透过率高，表现为较透明。金属键结合的矿物吸收性较强，多表现为不透明；以共价键、离子键结合的矿物，如硅酸盐类矿物，吸收性相对要弱，多表现为较透明。在硅酸盐矿物中，富含 Fe、Cr 等过渡金属元素的硅酸盐矿物吸收性较强，透明度相对要低，如钠铬辉石；而主要由 Li、Na、K 等碱金属元素组成的矿物吸收性弱，透明度表现较高，如钠长石、葡萄石等。

同样质地的翡翠杂质越少透明度越好，杂质越多透明度越差。

5. 翡翠的加工方式影响透明度

同样质地的翡翠加工越薄透明度越好，加工越厚透明度越差。弧面型加工的翡翠透明度一般会增强。

行内有人把翡翠用聚光照射来分辨透明度，若光能透射过 3mm 深，称为 1 分水；若光能透射过 6mm 深，则为 2 分水；若光能透射过 9mm，则称为 3 分水。

有人用聚光电筒扣在翡翠上看散色光的长度来判断水分的多少，若散光长度为 3mm，称为 1 分水；若散光长度为 6mm，称为 2 分水；若散光长度为 9mm，则称为 3 分水。

还有人将翡翠放在报纸上，透过翡翠看字，由字体模糊到清晰来判断翡翠的透明度。

第三节 翡翠的地

一、什么是翡翠的地

地子又叫"地儿"，它是质地与种（透明度）的综合反应

质地与种共同构成翡翠的地子即：

底（地儿）＝质地＋种（狭义）（透明度）

翡翠的地子又称地张、地儿、底子，它是翡翠去掉由铬离子呈现的绿色之外的部分。广义的地子的含意很宽泛，除了质地、纯净度等指标外，还含有均匀的意思，即指翡翠的干净程度与透明度及色彩之间的协调程度，以及翡翠各元素之间相互映衬关系。地子好的翡翠，色与色以外部分搭配协调美观，只要局部有颜色就会映衬得非常美丽，无色的部分与有色部分质地均匀一致，可以更好地将颜色映散开来，浓淡相宜，显得鲜活而有层次。翡翠的地子是基础，翡翠的地子要求纯净无暇，含有杂质、杂色的地子会显得不纯净，在业内叫做地子"脏"，就像绘画的宣纸，基础不好，很难体现出美妙的颜色。。

"地"的结构应细腻，色调均匀，杂质脏色少，有一定的透明度，互相映照方能称"地"好。好的"地"如玻璃地，冰地等。不好的"地"如石灰地、狗屎地等。"水"不好的翡翠称"底干"，底子好的翡翠，"种""水"之间也要协调，如"种"色好，"水"又好，杂质脏色少，相互衬托，可以强烈映衬出翡翠的清润亮丽的美感及价值。

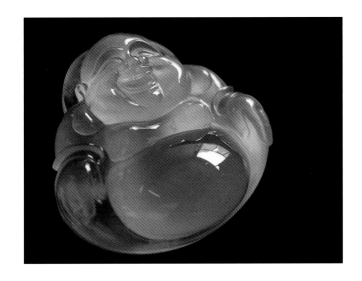

二、常见的几种地子

1. 玻璃地

质地极细腻，隐晶质集合体，组成矿物的颗粒肉眼及 10 倍放大镜下不可见，纤维变晶交织结构，颗粒间结合紧密，镶嵌状边界极不规整，因而拥有极高的透明度和明亮的光泽。明亮透明近如玻璃，是翡翠中极高档的品种。

行内有人将玻璃地称为"水地"如：

亮水地、清水地、晴水地、灰水地、辉水地等。水头为 2~3 分水。

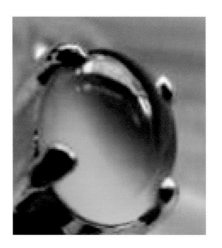

2. 冰地

质地比较细腻，结晶颗粒肉眼难见，但 10 倍放大镜下有时可见，有时颗粒稍粗但颗粒间结合方式很好，边界线不平直，呈紧密的镶嵌状，透明度仅次于玻璃地，光泽度很强。清澈透明，晶莹如冰，感觉冰清玉洁，甚至有种冰冷的寒意，也是翡翠中的高档底子。水头为 1~2 分水。

常见的有：青水地、紫水地、蛋清地、鼻涕地等。

3. 芙蓉地

由铁致色整体呈淡绿色，质地细腻程度一般，由细粒或中到粗粒晶体组成，晶体颗粒通常肉眼及放大镜下可见，但晶体颗粒的结合方式很好，颗粒间界限不清晰，透明度经常只是中等程度，光泽一般，玉质较细，较透明，有颗粒感但却见不到颗粒的界限。水头为 1~1.5 分水。

冰芙蓉如意

4. 油地

质地通常较细腻，范围可从油豆地到接近隐晶质，颗粒度极细～粗粒，光泽带油质感，色调阴暗，含铁较高，常呈现暗绿、暗蓝、暗灰或带上述颜色的混合色调，透明度跨度较大，可从玻璃地的透明度到完全不透明。1~2分水。

5. 冰豆地

质地不算细腻，透明度通常较好，由中至粗粒、但结合方式很好的晶体组成，晶体颗粒度比较明显，但是晶体的边界线不清楚，透光观察可见如分散的冰块的现象。1~1.5分水。

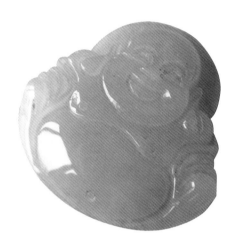

6. 化地

颗粒度较细或很细，但晶粒间以较疏松的方式结合，放大观察边界线较平直，透明度中等到微透明，光泽柔和，按颗粒大小及透明度由大到小排列，大致即行内说的玛瑙地、浑水地、藕粉地、糯化地、豆化地、到芋头地等。0.5~1.5分水。

7. 豆地

翡翠质地中最常见的品种，涵盖的范围亦十分广阔，组成颗粒通常为中～细粒到晶形完整的柱状晶体，颗粒间结合边界规整，镶嵌边界界限较平直，几乎呈直线状，透明度中等至不透明，0.5~1 分水。

细豆地、粗豆地、水豆地、细白地、白沙地、灰沙地、豆青地、青花地、紫花地等。

8. 瓷地

颗粒度细，结合方式比较松散，晶体颗粒边界规则，微透明至不透明，光泽较明亮，好的瓷地翡翠光泽如同瓷器，表面釉层中透出包含水气的光泽。水头为 0.5 分左右。

9. 干白地

质地细颗粒至粗颗粒,结合方式差,结构松散,几乎不透明,没有水,地子非常干。如白花地、糙白地、糙灰地、狗屎地等,是翡翠中最差的地子。行内称为砖头料。

三、翡翠行业内其它的地子名称

1. 水地:透明如水,玻璃光璀璨,与玻璃地相似,可有少量的杂质。

2. 清水地:透明如水,泛着淡淡的水青色调。

3. 蛋清底:犹如生蛋清一样透明,有粘稠感,玉质细腻、温润。

4. 鼻涕底:如清鼻涕一样,透明度稍差,略浑浊,不够通透明亮。

5. 青水底:较透明,微带青绿色。

6. 灰水底:质地半通明,但泛灰色。因有灰色,品质比青水地差。

7. 紫水地:质地半透明,但泛紫色调,实际上是半透明的紫罗兰。

8. 浑水底:半透明,浑浊不清。

9. 藕粉底:半透明,如熟藕粉一样,略带粉色或紫色。

10. 糯米地:质地半透到不透明,具有如熟糯米般细腻的颗粒感。

11. 米汤地:透明度差,似米汤样混浊。质地比清水地疏松。

12. 冬瓜地:质地亦接近半透明状,感觉如煮熟后之冬瓜。

13. 芋头底:半透明,如煮熟的芋头,呈灰白色。

14. 细白底:半透明,颗粒很细,底色洁白。

15. 白沙底:半透明,色白并具有沙性。

16. 灰沙底:半透明,色灰并具有沙性。

17. 豆青地:半透明,豆青色地子。

18. 紫花地:半透明,有不均匀的紫花,为颜色不均匀的紫罗兰。

19. 青花地:半透明至不透明,有青色石花。质地不均匀。

20. 白花底:微透明,色白而质粗,有石花。

21. 马牙底:不透明,如马牙一样,质地粗糙,底色发白。

22. 香灰底:不透明,色如香灰,质地粗糙。

23. 石灰底:不透明,色如石灰。

24. 干青底:不透明,石花粗大,质地粗糙。

25. 翻生地:质地类似糯米地,内部出现不熟之生米般饭渣。

26. 狗屎底:不透明,质地粗糙,底不干净,常见黑褐色或黄褐色,如狗屎一般,等等。

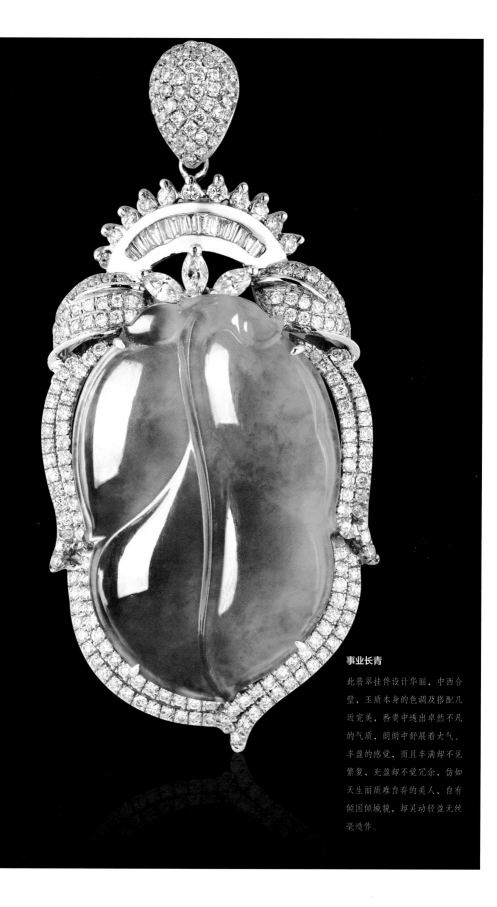

事业长青

此翡翠挂件设计华丽、中西合璧，玉质本身的色调及搭配几近完美，矜贵中透出卓然不凡的气质，朗朗中舒展着大气、丰盈的感觉，而且丰满却不见繁复，充盈却不觉冗余，仿如天生丽质难自弃的美人，自有倾国倾城貌，却灵动轻盈无丝毫造作。

第一节　翡翠的颜色类型

一、翡翠的原生色

　　颜色对玉石来讲是极其重要的，颜色是玉石最直观、最易于识别的一种性质，也是其价值体现的方式。实际上至今颜色仍然是作为鉴别不同种类玉石的重要标志之一。对翡翠颜色的观察和描述是很重要的，在翡翠评价中所谓"色差一点，价差十倍"，颜色差了一点，价钱差很多。古人云："玉有五色"。而翡翠有六种主色调，主色调有白、紫、绿、黄、红、黑，其各主色调系列的颜色变化十分多彩，所以翡翠的颜色何止六种。翡翠的颜色变化很大，决定了翡翠的价值变化也很大，若要探索翡翠颜色丰富多彩的原因，要关注翡翠颜色的形成过程，即探究翡翠的原生色和次生色由来。按照翡翠颜色的地质作用成因，将颜色分为原生色和次生色，这种分类，对它的根本成因及其颜色工艺性能及利用很有意义。原生色和次生色也称"肉色"与"皮色"。

　　原生色指在地表以下，各种地质条件作用下，翡翠晶体结晶过程中形成的颜色，这种颜色与翡翠的矿物的化学元素、矿物成分有密切关系是比较稳定的颜色。

　　翡翠的白色，绿色、紫色、黑色系列都属于原生色，行上也称"肉色"。

1. 无色（白色）

　　无色（白色）翡翠由纯的 $NaAlSi_2O_6$ 组成，成分单一。其中颗粒细腻，且颗粒结构紧密，有较高透明度，如无色玻璃种翡翠。若其间颗粒较粗，结合方式不良或含裂隙、杂质等将呈现不透明的白色。

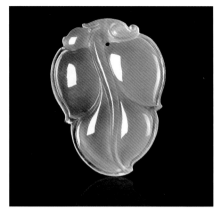

2. 绿色

翡翠的绿色主要由微量的 Cr 等元素类质同象替代引起，含量越高，颜色越深。

当硬玉分子 Al 被少量 Cr 替代时，呈现浅淡的绿色。当硬玉分子 Al 被适量 Cr 替代时，呈现明艳的翠绿色，但 Cr 含量很高时，翡翠的绿色变深为墨绿色甚至是黑色。

当硬玉分子 Al 被 Fe 替代时，翡翠的绿色常呈较浅的绿色或是较暗的绿色，并常带灰、蓝、黄等其他色调，不如 Cr 翡翠绿色纯正鲜艳，如芙蓉地的底色、绿油地的底色。

当硬玉分子 Al 同时被 Cr 和 Fe 替代时，翡翠颜色介于前两者之间，视 Cr 和 Fe 含量而定。

3. 蓝色

翡翠的蓝色多表现为灰蓝至较深的蓝色，其中微量 Fe 元素替代硬玉中的 Al 导致带灰的蓝，Fe 含量很高时将出现深灰蓝色，或接近于黑色。有时蓝色也可以由所含大量矿物包体如绿辉石、霓石等，使整体呈现蓝色。

4. 紫色

紫色翡翠也称春色，有粉紫，红紫，蓝紫，茄紫等品种，传统观念认为紫色是由锰致色，也有人认为是由于 Fe 的不同价态间离子跃迁致色或与 K 离子的存在有关。

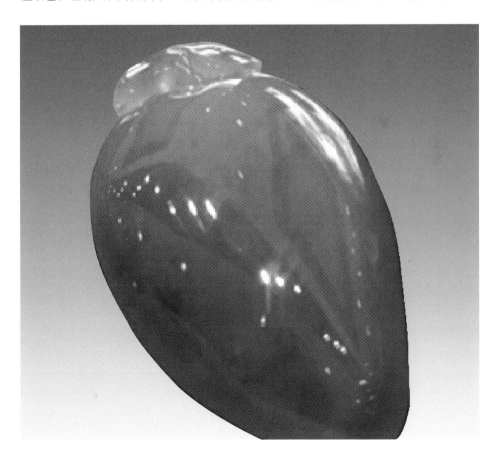

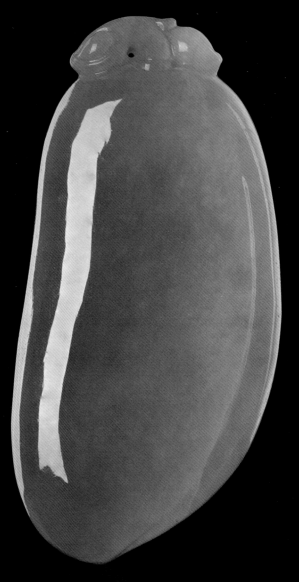

醉人的甜蜜

红春色冰种翡翠瓜形挂
件，颜色粉嫩为带粉红色
调的柔美紫色，如此娇俏
的颜色令珠宝也散发出柔
情蜜意，犹如浪漫的宣告
或永恒的爱情象征。

2012年市场参考价：30万元
尺寸：46X22X8 mm

5. 黑色

黑色翡翠常见的四种品种：

① 乌鸡种翡翠

灰黑至黑灰色，色调不甚均匀，透明度不等。乌鸡种翡翠由所含杂质呈色，如碳质矿物－石墨微粒或铁矿物。

② 钠铬辉石质翡翠（干青）

几乎满色，绿色浓度大，往往呈很深的绿色或几乎呈黑色，含少量硬玉，主要由钠铬辉石组成，还可能有铬铁矿及其他角闪石类矿物。

③ 绿辉石质翡翠（墨翠）

主要由绿辉石组成，墨绿色，浓重，质较细腻，透光性好，透光下显示深绿色。

④ 黑油青种翡翠

由于 Fe 含量过高及杂质矿物的存在，翡翠呈现带灰色的绿、灰色的蓝色调的深暗绿色，甚至是黑色。

二、翡翠的次生色

翡翠的次生色：行业内将之称为翡翠皮的颜色。它是外在地质作用条件下形成的颜色。在翡翠露出地表之后，它所处的环境与原来形成时的环境有很大变化，处于地表常温、常压、氧化、多水条件下，许多矿物化学性质方面不稳定，再加上日夜温差变化等，产生了物理和化学风化作用。由于氧化、水解等作用的结果，在翡翠外表就会形成风化壳。这些由于从翡翠中释放出的铁形成的氧化铁，呈胶体淋漓渗透于翡翠晶体粒间孔隙中或微裂隙中所致。此颜色是外来的氧化铁机械渗入晶体孔隙中而致色，所以不是翡翠晶体固有的颜色。这种颜色用强酸浸泡有可能溶走，从而使翡翠褪色。次生色包括黄色系列和红色系列。

黄色—红色

黄色和棕红色系列又称为"翡"，属于次生颜色，是在翡翠底子及绿，紫等原生色形成之后由于风化、淋滤等外生作用形成的赤铁矿或褐铁矿沿翡翠晶体颗粒间孔隙或微裂隙渗透侵染而成。

其中褐铁矿一般导致黄色，赤铁矿导致红色。这种颜色是外来氧化铁机械渗入晶体孔隙中致色，不是翡翠晶体固有的颜色，化学上不稳定，强酸浸泡有可能完全溶走化学物质从而使翡翠褪色。

第二节 翡翠颜色的形成

翡翠形成可分为两个阶段，即地质上的成矿阶段和成色阶段，成矿阶段形成翡翠的"底"，成色阶段形成翡翠的"色"。翡翠鲜艳的翠绿色是由于后期铬溶液的渗入形成，颜色以何种方式进入与翡翠颜色的质量密切相关。翡翠绿色形成的方式影响翡翠色、种质之间的关系。

1. 根色

含铬溶液沿翡翠的裂隙在机械力作用下进入，逐渐结晶形成翠绿色。

根色又叫条带色，是一种充填色。

根色的特点：

① 绿色晶体往往定向排列

② 绿色晶体往往细腻透明，即"龙到处有水"

③ 绿色晶体往往比较清晰

④ 绿色晶体往往比较均匀

行话"宁买一线，不买一片""一线"就是指根色。

2. 团色

铬离子替换了翡翠中的铝离子形成颜色。常呈不规则团块状斑点状分布，是交代形成的颜色。

团色的特点：

① 绿色往往无方向性

② 绿色往往透明度差

③ 绿色往往不规则

④ 绿色往往不均匀

第三节　　翡翠地与色的关系

地与色的关系

(1) 种质好的翡翠往往容易形成根色

(2) 种质差的翡翠往往容易形成团色

(3) 种质好的翡翠中颜色容易散开

(4) 种质差的翡翠中颜色不容易散开

"散色"：

既是化开的颜色，行内又叫做"豆色"。

质地越好散色越大，即"玻璃地不飘花"；质地越差散色越少，但质地越差越容易生成团色，即"狗屎地出高翠"。

"照映"：

照映是指翡翠局部的颜色因光线的传播而扩散到本身色斑范围以外的作用。透明宝石是利用抛光的刻面来达到使色斑的局部颜色扩散到整个宝石。翡翠则要依靠光线在其中散色作用来达到这一目的。对翡翠照映作用最为有利的是半透明的质地。在半透明的翡翠中，通过色斑的光线经色斑的选择性吸收之后成为绿光，不直接射出翡翠，而是被翡翠的颗粒反射，就会把颜色散色到无色或浅色的区域，使翡翠的色斑扩大。如果翡翠不透明，就不会产生照映，翡翠过于透明也不利于照映。

当翡翠透明度很好时可以利用雕刻的手法产生反射照映，如下图所示。

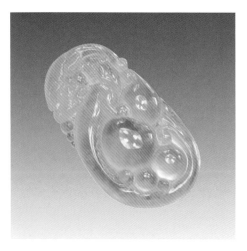

第四节　　翡翠颜色的常见术语

1. 翠绿：颜色纯正，色泽鲜艳，分布均匀，质地细腻，是翡翠中的最佳品。

2. 祖母绿：同上（行内有人认为含有微蓝色调）。

3. 阳俏绿：颜色鲜艳而明快，色正但较浅，如一汪绿水，灵活性较强。

4. 艳绿：绿色纯正，色浓而艳，色偏深时为老艳绿，色浅时为阳艳绿。

5. 黄杨绿：像春天的黄杨树叶鲜艳的绿色中略带黄色色调。

6. 葱心绿：像娇嫩的葱心的绿色略带黄色色调。

7. 鹦哥绿：像鹦哥的绿色的羽毛，色艳但绿色中带黄色色调。

8. 金丝绿：绿色如丝状、条带状，鲜艳且浓度高。

9. 点子绿：绿色呈较小的点状，即成星点状。

10. 丝片绿：绿色成丝片状。

11. 豆青绿：带有微蓝的色调，呈豆青色，颜色较明快但浓度不够。

12. 菠菜绿：颜色如菠菜的绿色，绿色暗不鲜艳。

13. 瓜皮绿：颜色像瓜皮的青绿色，色调偏蓝绿，色较暗。

14. 油绿：颜色不鲜艳，较暗。带灰色的暗绿色。

15. 底障绿：是底的颜色，为均匀且浅淡的绿色。

16. 其它底障色：紫罗兰、红翡、黄翡、蓝色等。

第一节 翡翠的鉴定特征

一、光泽

光泽是指宝石表面反射光的能力及其特征。宝石的光泽强弱取决于折射率和吸收系数，折射率和吸收系数越大，光泽越强。玉石类光泽与其集合体组成矿物的品种、结构及紧密程度密切相关，成品宝玉石所呈现的光泽还与加工中的抛光程度有关。

对光泽的观察在鉴定中具有重要的指示意义。其中包括观察光泽的强弱及特征。翡翠的光泽主要是玻璃光泽至油脂光泽，抛光良好的成品表面呈现出比较明亮的玻璃光泽，然而不同类型的翡翠光泽是有差异的。如玻璃种翡翠拥有极明亮的光泽，油青种翡翠光泽带有油脂感，玛瑙种翡翠光泽滋润柔和，而经过酸洗充填的处理翡翠通常光泽较弱且带有塑胶或蜡质的混合光感。

二、结构

翡翠具有特殊的结构，放大观察结构是鉴别翡翠最重要的环节。翡翠是晶质集合体，其中主要组成矿物硬玉，绿辉石属单斜晶系。晶体常呈柱状、纤维状或粒状。

在观察中可以发现，翡翠组成矿物几乎全呈柱状或略具拉长的柱粒状，近定向排列或交织排列。这种特征的翡翠交织结构使其具有较高的韧性和硬度。

翡翠常见的结构为纤维交织至粒状纤维交织结构。此外还可能出现斑状变晶结构、塑性变形结构、碎裂结构、交代结构等。抛光之后的成品在透射光下可见特别的纹路，即组成矿物的晶体相互结合的边界呈镶嵌状。

这种特殊的镶嵌结构使翡翠明显区别于其他相似玉石。值得注意的是由于组成翡翠的主体矿物硬玉表面呈矩形或方形并具有两组完全解理。反射光下解理面和晶体断面的星点状、片状、针状闪光，即常说的"翠性"，俗称"苍蝇翅"、"砂星"，是鉴别翡翠的重要标志，但是"翠性"并不是在所有翡翠中都能明显见到，如老坑玻璃种翡翠的"翠性"仅表现为转动中若隐若现的针点状闪光。

三、颜色

颜色的鉴定意义体现于对色彩、色调、明暗度、均匀程度、色形及色与地子间组合的观察。翡翠具有特殊的颜色色调、形态和组合特征，翡翠的颜色极其丰富多彩，变化万千。常见的玉石品种中唯有翡翠有如此多的颜色种类及多变的组合形态。由铬离子呈现的翠绿色在其它玉石中不会出现。而作为次生色的红色黄色翡翠也因其特有的色形调与其他相似玉石相区别。

四、断口

宝石材料在受外力作用下随机产生的无方向性不规则的破裂面称为断口。任何晶体和非晶体，单晶或集合体矿物都可能产生断口，但容易产生断口的宝石矿物其断口常具固定的形态，可以作为鉴定中的辅助特征。玉石类集合体矿物多具不平坦状断口，其中翡翠具有特征的粒状至柱粒状断口，软玉、蛇纹石玉为纤维状断口，石英岩、大理岩、独山玉表现为粗或细的粒状断口，隐晶质、石英质玉如玛瑙、玉髓和玻璃质仿玉制品如料器和脱玻化玻璃会产生典型的贝壳状断口。

五、硬度

硬度是指宝石材料抵抗外来压力、刻划、研磨等机械作用的能力。硬度本质上是由晶体结构、化学键、化学组成等决定。实际晶体的硬度常与外界形成条件有关，如内部的结构缺陷，机械混入物，风化，裂隙，杂质成分等。

另外，集合体矿物的集合方式以及类质同向替代都会影响矿物材料的硬度。由于宝石矿物的硬度基本不变，故可为鉴定提供依据。有些矿物晶体的硬度具方向性差异，这种差异硬度导致抛光后的成品翡翠表面常产生凹凸不平的现象，反光下可见"水波纹"。

加工中抛光材料的选择也将影响成品表面所表现此种现象的程度，如果使用磨料的硬度明显高于其中最硬的矿物，凹凸现象则不明显。翡翠在玉石类中具有 6.5~7 的最高硬度，故称"硬玉"，通常对于硬度的测试是采用破坏性的刻划，压入、针刺等方法，需谨慎酌情处理，尽量避免使用。

六、相对密度

相对密度是指宝石的质量与在 4°C 时同体积水的质量的比值，属无量纲。相对密度是宝玉石的重要物理参数之一，在鉴定上具有重要的意义。但是同种宝玉石由于化学组分变化、类质同象替代、杂质包体机械混入、裂隙的存在，均会对相对密度产生影响。

但其大致的范围是固定的。对相对密度的掂重估计和实验室条件下的精确测量可以帮助我们鉴定宝石。翡翠 SG3.3~3.5，常见 SG3.34 高于大多数玉石，手掂有沉重感，即常说的"打手"。染色石英岩，独山玉等相似玉石密度较低，明显轻于翡翠，手掂发飘。

第二节 翡翠在实验室的常规鉴定

1. 折射率测定

翡翠的折射率在 1.66 左右，很少与其他玉石相混。

2. 观察典型光谱

翡翠特征的吸收光谱在蓝紫区 437nm 处有铁离子引起的吸收线，翠绿色翡翠在 630nm、660nm、690nm 处有铬离子致色形成的三条弱吸收线。

3. 静水称重、重液测比重

实验室常用静水力学法：

相对密度 = 宝石在空气中的重量 /（宝石在空气中的重量 – 宝石在 4^0C 水中的重量）

第三节 翡翠与相似玉石的鉴定

1. 软玉

软玉是中国传统的玉石之一，常见的颜色有白色、青白色、青色、暗绿色、黄色、粉色及黑色等。主要组成矿物为透闪石，透闪石是一种含水的钙铝硅酸盐，化学成分为 $Ca_2Mg_5(Si_4O_{11})_2(OH)_2$，纯净时为无色，含铁会出现不同的绿色及红色。

软玉的光泽有油脂光泽、蜡状光泽及弱玻璃光泽，一般具有温润感，微透明到不透明。而翡翠常见较明亮的玻璃光泽，半透明到不透明。

软玉的矿物颗粒较翡翠细小，纤维交织结构更加细腻，显微放大观察常具典型的毛毡状的结构，颜色分布多数均匀统一。翡翠的镶嵌状的纤维变晶交织结构通常在肉眼或 10 倍放大镜下可见，颜色色调及组合十分多变且分布一般不甚均匀。

实验室条件下，软玉 1.61 左右的折射率、2.95 上下的相对密度与翡翠 1.66 的折射率和 3.34 的相对密度明显不同，另外也不具有翡翠在 437nm 处的典型吸收光谱。

翡翠具有明显的变斑晶镶嵌结构，表现颗粒的大小、形态及颜色的多变化且组成颗粒之间相对较独立，而软玉是一种粥糊状交织结构，表现在颗粒的大小、形态及颜色几乎是均一状态，纤维颗粒间边界模糊不清。

翡翠具有特征的桔皮效应、水波效应及"翠性"，软玉则不具备，且翡翠的硬度也略大于软玉。

2. 蛇纹石玉

蛇纹石是一种含水的镁硅酸盐，化学式 $Mg_3Si_2O_5(OH)_4$，其中镁常被铁、锰、铬、铝等替代产生不同的颜色。

蛇纹石的结构是由隐晶质的极细颗粒的纤维状、叶片状蛇纹石组成的致密块状。晶体细小，细腻的纤维交织结构肉眼几乎观察不到，看似隐晶质，在十倍放大镜下蛇纹石玉的结构也不易观察。

常见蜡状光泽，光泽较弱，不透明到近乎透明都有，颜色以黄绿色系为主，颜色多数较浅且分布均匀。

硬度：2.5~5.5

密度：2.56 左右

折射率：1.56~1.57

翡翠的主要矿物成分是硬玉、钠铬辉石、绿辉石。是一种钠铝硅酸盐。化学式：$NaAlSi_2O_6$ 其中铝常被铬、铁、锰、钛等替代产生不同的颜色。

翡翠的结构是由显晶质到隐晶质的长柱状颗粒组成。肉眼及放大镜可见变斑晶颗粒状镶嵌结构。

一般放大观察可见桔皮效应，反光下可见水波效应。原料及没抛光面有翡翠特有的性质——翠性。

常见玻璃到强玻璃光泽，光泽较强。颜色不均匀且变化非常多。有不同的绿色、蓝色、灰色、白色、紫色、黄色及红色等。

硬度：6.5~7

密度：3.34 左右

折射率：1.66~1.68

3. 石英岩

石英岩组成矿物为 SiO_2，翡翠组成矿物主要是 $NaAlSi_2O_6$，石英岩为粒状结构，肉眼及放大观察可见比较均匀的圆粒状的石英颗粒，常有石英颗粒的星点闪光效应。而翡翠是镶嵌结构，肉眼及放大观察可见变斑晶结构，可见桔皮效应、水波效应。石英为透明到不透明，而翡翠为半透明到不透明。

石英岩 2.6 的密度低于翡翠的 3.34 密度，手掂重明显较轻。

石英岩 1.54 的折射率低于翡翠的的 1.66 的折射率。石英岩的光泽是蜡状到玻璃光泽。翡翠是强玻璃光泽，光泽明显高于石英岩。

石英岩的颜色常见无色、黄色、白色、绿色及浅绿色。颜色的形态多为点状，没有翡翠颜色的"根色"、"团色"及"豆色"。

常见的石英岩有产于河南省新密市的"密玉"，颜色是一种点状的暗绿色。产于贵州的"贵翠"，颜色带有蓝色色调的绿色，感觉像瓷器。产于内蒙古的"佘太翠"，也是一种点状的绿色。

还有一种石英岩——东陵玉，有含铬云母呈绿色的东陵玉、含绿色阳起石呈绿色的东陵玉、含锂云母呈紫色的东陵玉、含蓝线石呈蓝色的东陵玉。肉眼及放大观察可见沙粒状闪光。

无色透明品种的石英岩常染色用来仿翡翠，商业名称"马来玉"，放大检查可见沿颗粒间隙分布的染料，呈丝网状，分光镜下红区中部出现 650 nm 处为中心的宽吸收带可为诊断性特征。还有把无色透明的石英岩经过酸洗然后注胶，冒充冰种翡翠。早期的染色石英岩在查尔滤色镜下会变红，近期制作的染色石英岩一般不变红。

4. 玉髓

玉髓有多种颜色，其中绿色玉髓又称澳玉，蜡状光泽——玻璃光泽，常见弱玻璃光泽，隐晶质结构，微透明—半透明，结构细腻，透明度高，颜色常见特征的蓝绿、暗绿或苹果绿色，且颜色分布均匀，包体形态特征与翡翠明显不同，密度、折射率均低于翡翠，无翡翠特征的吸收谱。

5. 水钙铝榴石

水钙铝榴石为均质集合体，微透明—不透明，蜡状—较黯淡的玻璃光泽，粒状结构，体色多以浅黄或白色为主且带一定程度的灰褐色调，基底上常分布有暗绿色或黑色斑点，颜色常呈现斑块状分布并有毛刺状外观，十分特别，一般较易与翡翠区别。绿色部分在滤色镜下变红。另外，水钙铝榴石密度在 3.15~55 间变化，不似翡翠较为稳定，折射率1.72 左右明显高于翡翠。值得注意的是水钙铝榴石的团状色块与花青种翡翠中的跳青有些类似，但细看起来翡翠团色色调丰富，各个团间颜色有些差异，同一色块中颜色不甚均匀，多呈渐变的层次，有过度变化的趋势，而水钙榴石团色色调较单一，各个团间颜色相同，同一色块中颜色均匀统一。

6. 钙铝榴石

黄褐色多晶钙铝榴石外观极似翡翠中的黄翡，但结构明显不同，钙铝榴石为粒状结构，玻璃光泽，折射率、密度比翡翠高。外观常比黄翡更加均匀艳丽，质地细腻润泽，透明程度通常也好于黄翡，多呈半透明状，但有时内部可见黑色或褐色铬铁矿斑点，黄翡中少见。

7. 独山玉

为黝帝石化斜长岩，微透明—不透明，整体透明度低于翡翠，纤维粒状结构，组成的矿物颗粒较细，与翡翠相似的品种其颜色以不均匀的白、绿色为主，但颜色色调及光泽较翡翠明显偏暗，颜色分布杂乱，常见多色混合现象，色形也不同于翡翠，以团块状为主，而翡翠的绿色常呈片状或丝带状。滤色镜下独山玉绿色部分变红，翡翠无此现象。密度、折射率存在较大的变化范围。

8. 符山石

符山石集合体外观极似翡翠，质地细腻温润，又称玉符山石，纤维状或放射状纤维结构，微透明—近透明，玻璃光泽，常见绿色—黄绿色和黄褐—褐色品种，折射率 1.71 左右明显高于翡翠，可有特征吸收光谱 464 nm、528.5 nm 与翡翠相区别。

9. 葡萄石

纤维状—纤维放射状结构，与翡翠差异较大。玻璃光泽，半透明—近透明，集合体结构细腻，晶莹水润，透明度较翡翠整体偏高，但有时由于组成纤维较粗，晶体间排列结合疏松或含包体杂质较多导致透明度下降，颜色特征以浅绿—浅黄绿色为主，极似葡萄果肉，有时含黑色，深绿色矿物包体，密度、折射率均低于翡翠。

10. 钠长石玉

俗称"水沫子"，无色、白色、灰白色体色上常含渣状白色矿物和蓝绿、孤岛状深绿色矿物包体，极似翡翠中的冰种飘蓝花，但钠长石玉具两组解理，聚片双晶发育，透光下可见聚片双晶纹呈百页窗状，特征的粒状—纤维粒状结构，折射率远低于翡翠，玻璃光泽明显较弱，相对密度低，手掂有轻感，透明度远远高于翡翠，无桔皮效应，无水波效应。

11. 染色大理石

使用碳酸盐矿物——大理石经过人工染色，仿冒翡翠。染色大理石硬度低容易破碎，呈现弱玻璃–蜡状光泽，表面磨损经常比较严重，而产生磨毛或带许多细密划痕的表面，粒状结构很典型，密度较小，手掂较轻，颜色呈沿颗粒间隙及裂隙分布的丝网状。

12. 玻璃

常见的玻璃质翡翠仿制品主要是脱玻化玻璃，常用来模仿高档绿色翡翠。这是一种初看起来较能迷惑人的品种，经过脱玻化作用，非晶质的玻璃重结晶，看上去极似翡翠内部的棉状物，产生晶质集合体的外观，透射光下内部颜色呈丝网状分布，反射光下可见较规则的沟渠状表面。折射率、密度、硬度均低，断口为贝壳状。

第四节 翡翠的处理与鉴定

一、翡翠的优化及其鉴别

1. 热处理

加热的目的是促进氧化作用的发生，使黄色、褐色、棕色的翡翠转变成鲜艳的红色。

热处理的目的是把黄褐色经过加热变成红色增加美丽程度，也是因为红色的翡翠价值高于黄色翡翠，中国人喜欢红色，"红福齐天"它是吉祥的象征。

制作方法是将黄色、棕色及褐色的翡翠（质地一般较粗的翡翠）清洗干净后放在炉中加热，并且加热的过程中与氧气充分接触，当加热到深褐时停止加热，放凉后再放入漂白水中进一步氧化使之变成鲜艳的红色。

红翡、黄翡的成色是因为翡翠当中的铁矿杂质。制作的原理是把黄色的褐铁矿在加热的情况下氧化成红色的赤铁矿，即使褐铁矿脱水的过程。$Fe_2O_3 \cdot nH_2O \rightarrow Fe_2O_3$。有人认为天然的红翡也是由黄色的褐铁矿经过漫长的地质年代慢慢的脱水而变成了红翡，玉石行内认为红翡年代老，黄翡年代嫩，黄翡会慢慢地长成红翡。

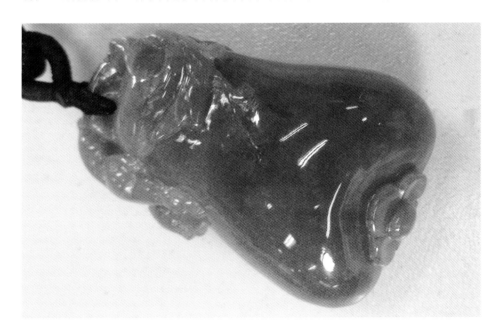

2. 鉴别

人工加热形成的红色翡翠与天然红色翡翠成因基本相同，由于使用人工手段加速了褐铁矿失水，透明度低于天然同类品种，看起来有干燥感。表面光泽亦弱于天然同类品种，并且由于瞬间失水，结构遭到一定程度破坏，通常为一种细微的碎裂结构，颜色的隙间浓集更明显，晶形也有一定程度的变化，红丝状纹理粗短，线条平直，常呈类似中括号的形态。天然红翡颜色呈絮状分布，颜色变化多样，层次丰富，深丝浅脉，状如团绒，碎裂结构及颜色的隙间浓集均不明显，看上去滋润柔和，犹如绒絮，由于天然失水过程漫长，侵染物部分进入晶格，在接触边缘有逐渐渗透的趋势。人工加热形成的红色翡翠在国家标准规定中是属于优化，可以不需要鉴定，不需要注明。也是被行内人们所认可的。然而由于两者价值的差异，在许多情况下还是有必要做出区分。

还有，经加热处理形成的红翡，颜色整体比较统一，颗粒边界比较模糊，晶形较圆滑，颗粒的间隙不明显。红色丝脉状透明度下降，色点雪花状、苔点状矿物晶型遭到破坏。

另外，大型仪器检测翡翠中水的赋存状态可以为鉴定红翡成因提供一些依据，红外光谱显示天然红翡在 1500–1700 nm，3500–3700 nm 附近有较强的结晶水和吸附水的吸收峰，经热处理过的红色翡翠在上两个位置均无强的吸收区。

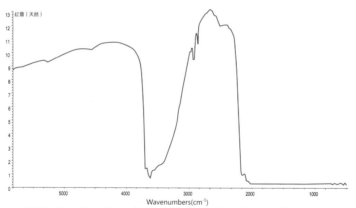

天然红翡（未加热），轻微过蜡，经红外光谱显示在 3600 nm、3696 nm 附近天然水峰吸收明显。

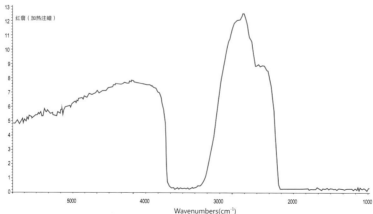

加热处理红翡，在 3600 nm 及 3696 nm 附近无天然水峰吸收。

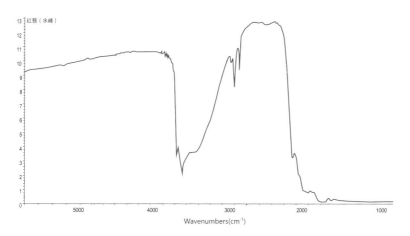

　　天然红翡，轻微加热浸蜡，在 3600 nm 及 3696 nm 附近天然水峰有吸收，同时，在 2800~2900 nm 附近蜡峰明显。

　　　　　　　　　　　　无经过加热处理的红黄翡颜色自然、晶体颗粒清晰、整体感觉非常晶莹。

二、处理翡翠及其鉴别

1. 漂白充填处理

　　翡翠漂白充填的目的是使透明度差或不透明的翡翠经过酸洗、充填改善其透明度。即是行内所说的"B"货处理。

　　（1）原理

　　翡翠进行 B 货人工优化处理一方面首先是通过强酸的溶蚀，使微裂隙和矿物间隙中存在的微细杂质颗粒被溶解消失，并使微裂隙与矿物间隙处于开放状态，再利用有机胶质充填，由于有机胶的折射率与翡翠相近，掩盖了微裂隙和矿物间隙的存在，从而达到改善净度、提高透明度的目的。

天然翡翠经历漫长的地质年代主要是水的作用也能使其变得透明，这种作用叫水岩反应。对比翡翠的水岩作用（前面所述）与人工 B 货处理过程可见，两种作用都是净化、消除或掩盖翡翠中絮状物的过程，其结果都可以使翡翠的透明度提高。只不过前者是在天然条件下完成，外来充填物为无机矿物质成分；后者则为人工条件下完成，外来充填物为有机质成分。

同理，进行翡翠的优化处理并非对所有类型的翡翠都会有效，从翡翠中分布的絮状物的类型来看，优化处理可以对微裂隙絮状物和矿物间隙絮状物进行改善，但对矿物内部的内含絮状物也是无能为力的。因此，对翡翠的 B 货处理，往往选择如八三玉、豆种、白地青、干白地等硬玉颗粒结晶粗大、结构松散、微裂隙絮状物和间隙絮状物发育的翡翠来进行。对主要发育内含物絮状物的翡翠进行优化处理，则效果不明显。

翡翠进行 B 货人工优化处理的另一个方面是，翡翠基底间常存在铁锰等杂质产生的黑灰褐等脏色或包含影响美观的暗色及白色矿物包体，降低翡翠的价值。为去除这些影响净度的杂色及包体，用化学的方法对翡翠进行漂白，经强酸浸泡清洗净化的过程使翡翠原有的结构被破坏，再用有机聚合物固化充填于疏松的间隙中，既起到固结作用又能增加翡翠透明度。

（2）翡翠当中的絮状物

主要由翡翠中矿物成分、矿物颗粒大小及其相互间的组合关系引起。翡翠中矿物组合、矿物形成期次、结构构造、各矿物间相互嵌结的紧密程度等的不同，以及矿物受后期的构造作用产生破碎等原因，会在矿物与矿物之间、矿物与裂隙之间、矿物与晶间间隙之间和矿物与矿物内的内含物之间出现折射率的差异和孔隙的存在，由此颗粒间产生不同形式的界面，当入射光线照射在各界面上时，将产生不同程度的反射和漫反射作用，也称为"粒间光学效应"。这种由翡翠中矿物共生组合和结构构造关系产生不同的界面，进而对入射光线产生的反射与漫反射的作用，其最终结果是直观地表现为一系列不同类型絮状物的出现。在翡翠中所能构成的界面可有三种形式：微裂隙界面、晶间间隙界面和矿物内含物界面。因此，所出现的絮状物也可相应划分为：微裂隙絮状物、矿物晶隙絮状物和矿物内含物絮状物。

若将翡翠组成矿物的透明度视为影响岩石透明度的的内在因素的话，翡翠的絮状物则是外在因素。由不透明矿物组成的翡翠，由于矿物的吸收性大，翡翠也是不透明；但在主要由透明矿物组成的翡翠中，其透明度则主要取决于翡翠中絮状物的表现形式：絮状物少，翡翠透明度高；絮状物大量存在，翡翠透明度则会大大降低。翡翠除少数以钠铬辉石或绿辉石等含 Cr、Fe、Ca 等元素较高的矿物为主的翡翠种类以外，翡翠的主要组成矿物为硬玉，硬玉（$NaAl[Si_2O_6]$）属于透明的含碱金属成分辉石族链状硅酸盐矿物，对光线不存在明显吸收。因此，大多数翡翠的透明度并不取决于主要构成主要矿物的硬玉本身，而是与硬玉矿物的共生组合、结构构造和内含物及其相互关系有关，具体的就是反映在翡翠中絮状物的类型和数量之上。

（3）还原性次生化作用与翡翠透明度的关系

还原性次生化翡翠是指经还原性水／岩反应作用的翡翠，主要出现于缅甸翡翠阶地矿床的砾石状翡翠之中，翡翠微裂隙和矿物间隙中的微细杂质矿物成分在水溶液中溶解消失，并形成了一些隐晶质~微晶质的绿泥石类粘土质物质充填于其中。由于隐晶质物质对光线不会产生明显反射，相反可减小微裂隙和晶粒界面之间的折射率差异，降低界面对光线的反射与漫反射作用，一定程度掩盖了微裂隙和间隙的存在，使微裂隙絮状物和矿物间隙絮状物明显减少，从而提高了翡翠的透明度。

选料：

翡翠进行 B 货人工优化处理所使用的原料主要是新厂料（新开采的原生矿）。如八三、白底青等。它们的颜色多为浅色，透明度极差，质地较粗糙，结构较疏松。也有质地较细、结构致密的品种。微裂隙发育，棉絮较多，也可有黄、褐、黑色等杂色。此类翡翠制作 B 货较容易。

翡翠进行 B 货人工处理所使用的原料也可以是颜色较深的，透明度极差，质地较粗糙，结构较疏松。如干青、铁龙生、乌沙种等。

制作：

过去将大块翡翠原料直接投入强酸溶液中进行浸泡，有时还将洗净后再次放入强碱溶液中进行浸泡。当浸泡到一定程度，即原料内部的微裂隙和晶隙间的絮状物部分溶掉，以及将黑色、褐色、黄色等脏色和杂质溶掉。

现在一般先要将原料加工成半成品或成品，然后再经强酸、强碱浸泡。只是经过强酸浸泡而加工成的翡翠称作小"B"，反复经过强酸、强碱浸泡而制成的翡翠称作大"B"。

浸泡完的翡翠质地特别疏松如同蜂巢。将其冲洗干净后，进行抽真空同时注入树脂胶。对于半成品进行雕刻打磨制成成品。

下一道工序是对注完树脂胶后的成品再加热，使充填完全并且部分树脂胶膨胀出来，将部分膨胀出的树脂胶刮平。最后对其抛光上蜡。

结果：

漂白充填，翡翠结构遭到破坏，翡翠的光泽、颜色、透明度均会发生变化，影响耐久性。

（4）鉴定特征

1）常规鉴定

① 光泽：

无处理的翡翠具有玻璃到强玻璃光泽，且不同品种光泽不同，如寒种寒色的"龙石种"翡翠光泽较强，八三花青光泽较弱。光泽可体现翡翠的出身，光泽强揭示翡翠的"种老"，光泽弱揭示翡翠的"种嫩"。一般原生矿产出的翡翠光泽弱，次生矿产出的翡翠光泽强。并且一般来说质地细腻光泽强，质地粗糙光泽弱；质地紧密光泽强，质地疏松光泽弱。

不同品种的天然无处理的翡翠其光泽的特征也不相同，如龙石种翡翠坚硬寒冷的光泽、老坑种翡翠明亮柔和的光泽、玛瑙种翡翠柔软温润的光泽、油青种翡翠带有油脂感的光泽等。处理的翡翠则没有这些规律。处理后的翡翠光泽普遍变得很弱。

总之：处理翡翠光泽变弱，常表现较弱的玻璃光泽、树脂光泽、蜡状光泽及其混合后产生的特殊光泽。

② 颜色：

天然的绿色翡翠的颜色的色形有条带状、丝片状、团块状等几种固定形态，并且颜色与质地通常都有化开的部分即所谓的散色。不同质地散开的程度不同，质地越细腻，结合越紧密散开的越多，质地越粗糙结合越松散则散开的越少。颜色有定向性和层次感。有自然的灵动美，与翡翠的基底搭配协调。

而处理翡翠由于基底一般过于干净，再加上由于树脂充填，透明度变好内部光线穿梭而变得颜色发散发飘，颜色与基底无过渡显得非常生硬。

总之：处理翡翠过于鲜艳，结构被破坏，颜色分布较浮，边缘晕散，无层次感，定向性变差，与基底不协调。

③ 结构：处理翡翠结构中由于强酸浸泡，矿物晶体被熔蚀，颗粒感变弱，整体看上去结构性不强，内部有混沌感，翡翠特征的纤维交织结构在透射光下显得十分模糊，晶粒间镶嵌状边界不清晰，这与处理翡翠所选择的原料结构明显不相符合，即"种质不符"，又因充填有机物，底子发闷，无 天　　　　　然未处理同类翡翠通透的灵气。

④ 表面特征：早期漂白充填翡翠常产生特征的沟渠状表面，反射光下可见粗细不等的贯通性裂隙纵横交错，表面显示酸洗过后的熔蚀状外观，有时在较大的裂隙中还可见胶结物或残留气泡。新近处理的翡翠表面现象不明显。　即出现大量的酸洗

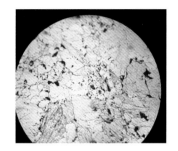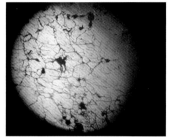

网纹。经重新抛光后可不明显，需在放大条件下的边角楞线凹槽处仔细观察。

A 货翡翠　　　　　　　　　　　　　B+C 货翡翠

⑤ 光滑度变差。由于表面具有大量的酸洗网纹及树脂胶，手摸感觉不光滑，有黏涩的感觉。

⑥ 透明度虽然属于半透明但是具有混浊感，具有较为独特的胶质感。

⑦ 放大检查桔皮效应变得不太明显，即变得比较平坦。

⑧ 敲击声音沉闷，不像天然无处理翡翠敲击时声音清脆且有点像金属被敲击时的金属般的回音。

⑨ 水波效应：水波效应与透明度出现差异，一般翡翠颗粒的粗水波效应大、透明度差。颗粒细的水波效应小、透明度好。酸洗充填的翡翠则会出现水波效应大，透明度却好的反常现象。

⑩ 密度，折射率：漂白充填的翡翠密度折射率常低于正常值，折射率偏低，点测在 1.65 左右，密度可低至 3.00，但略低的数值仅具参考意义，不作为确定性依据。

⑪ 荧光：早期的处理翡翠多数具有荧光，且荧光常较强，常出现蓝白色荧光。新近的处理技术荧光较弱或无荧光。

B 货翡翠及紫外荧光

2）大型仪器检测

翡翠在红外光谱上的特征常可为漂白充填的处理提供诊断性的依据，天然翡翠在 2600~3200 nm 区间透过率好，多不存在吸收峰，而漂白充填翡翠由于充填有机物（多为树脂胶等），在此区域出现五个不同强度的吸收峰，若样品在 2200~3500 nm 范围内显示 2870，2928，2964，3035 和 3508 nm 的吸收，即可断定存在树脂，但由于充填材质不同和技术的不断发展，新近的处理翡翠在红外光谱下的表现更加多样且富于变化，检测中需加以注意。

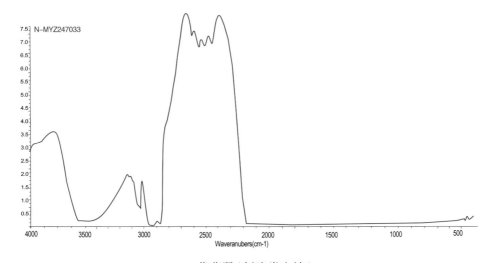

B 货翡翠（树脂类充填）

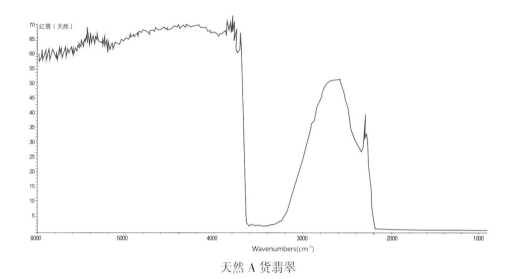

天然 A 货翡翠

2. 漂白充填注蜡处理

（1）目的

为了增加透明度，掩盖微裂隙及美化外观，需对翡翠成品进行上蜡（注蜡）处理。

（2）方法

方法 1：将翡翠成品放入沸水中煮几分钟（去除油污及表面吸附的杂质）；然后采用烘干机烘干（其目的是去除翡翠中的多余水分）；常压下置于融化的蜡中浸泡使之注蜡。

方法 2：将翡翠成品放在烘干机中烘干，温度一般控制在 70~80 ℃（其目的是去除翡翠中的多余水分）；将烘干后的翡翠置于密封容器中抽真空（去除翡翠微裂隙与颗粒间隙中的空气）；再将翡翠于温度约为 70 ℃到 80℃ 的融化蜡中，同时对其进行加压，使蜡注入翡翠中。

方法 3：先将翡翠进行酸洗漂白处理（一般酸洗不太严重），后续过程同上。

（3）鉴定

1）肉眼观察

一般注蜡的翡翠主体颜色和杂色(黑灰、黄褐等)未得到改善；质地粗,结构略疏松,微裂隙被掩盖，可见表面蜡状光泽，但不可见颗粒解理面反光（即质地粗解理面反光不易观察），粗质结构被"美化"，微裂隙或颗粒间隙中有蜡质富集。透明度为半透明 – 不透明。

酸洗注蜡的翡翠表面颜色略微泛白,透明度有所增加,杂色得到改善(一般无黑灰、黄褐等杂质)。

2）手感

由于注蜡后表面有蜡质存在，所以手摸有蜡质的涩感，没有无处理翡翠表面非常光滑的手感。

3）放大观察

一般注蜡的翡翠，反射光观察：结构略疏松，微裂隙被掩盖，解理面反光不易观察，粗质结构被弱化；暗视域观察：微裂隙或颗粒间隙中有泛白蜡质残留物。

酸洗注蜡的翡翠，反射光观察：表面结构略有破坏，解理面反光观察不到。暗视域观察：内部结构不明显，微裂隙不可见，透明度有很大的改善。

4）紫外荧光

① 紫外灯：长波下为强蓝白荧光；短波下为中 – 弱蓝紫色荧光。

② DiamondView 下为蓝白色荧光。

5）红外吸收光谱

注蜡翡翠的红外透射光谱中具有明显的蜡质吸收峰：具 2850 cm^{-1}、2920 cm^{-1} 强吸收峰及 2956 cm^{-1} 较弱吸收峰，且 2850 cm^{-1}、2920 cm^{-1} 吸收峰几乎托底。而未注蜡翡翠不具或具较弱的 2850cm^{-1}、2920 cm^{-1} 吸收谱峰。

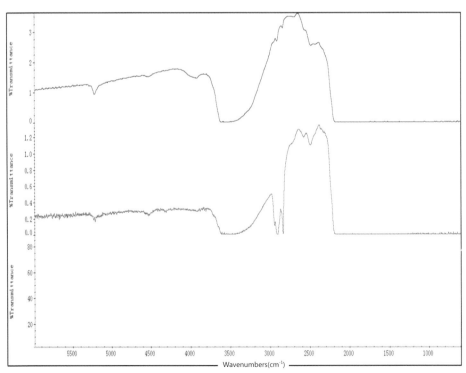

图中红色为注蜡

对于翡翠的上蜡属于优化，注蜡属于处理。下表格列出上蜡与注蜡、酸洗注蜡以及酸洗充填的对比。

上蜡与注蜡、酸洗注蜡、酸洗充填的鉴定特征

鉴定	上蜡	注蜡	酸洗注蜡	酸洗充填
肉眼观察	主体颜色和杂色为翡翠自身颜色，颜色自然	主体颜色和杂色未得到改善；质地粗，但不易见颗粒解理面反光及微裂隙	表面颜色略微泛白，明度略有增加，杂色得到改善	整体颜色泛白，明度增加，色彩质地不真实，不见杂色
放大观察	结构未遭破坏，可见翠性，微裂隙等，透明度未发生变化	结构未遭破坏，微裂隙被掩盖，颗粒解理面反光不易观察，透明度略有提高	表面结构略有破坏，但内部结构不明显，翠性、微裂隙不可见，透明度有改善	表面、内部结构均遭破坏，颗粒结合松散，透明度有较大提高
蜡质	只是存在于翡翠的外表面	部分在外表层，部分进入翡翠的浅内层	部分蜡质进入深内层，部分在表层	只是存在于翡翠的外表面
紫外荧光	无或较弱荧光	长短波下均为，蓝白荧光且长波下荧光强于短波	长短波下均为，蓝白荧光且长波下荧光强于短波	可无荧光、可有黄绿荧光、可有蓝绿荧光
红外光谱	无或具弱 2850cm^{-1}、2920cm^{-1} 吸收峰	2850cm^{-1}、2920cm^{-1} 强吸收峰及 2956cm^{-1} 较弱吸收峰	2850cm^{-1}、2920cm^{-1} 强吸收峰及 2956cm^{-1} 较弱吸收峰	具 3053cm^{-1}、2967cm^{-1}、2929cm^{-1} 和 2874cm^{-1} 等特征吸收峰

3. 染色处理

染色处理是一种非常古老的方法是指在原本色浅或无色的翡翠基底上用人工的方法，人为使其产生颜色的方法。经染色处理过的翡翠行内称为"C"货。

染色翡翠颜色不稳定，染料仅在颗粒间缝隙中，没有进入晶格，长期的光线照射，酸碱侵蚀，受热氧化等作用均会使颜色产生变化。

染色的颜色有染绿色、染紫色、染红色、染蓝色以及染黑色等。

（1）鉴定特征

1）原生色鉴定

原生色包括绿色、紫色、黑色等一系列与矿物晶体同时生成的颜色，广义上说除红、黄及包体形成的假色以外翡翠中出现的所有颜色都是原生色。原生色由于形成机理不同与其他方式形成的颜色在外观上呈现明显的差异，鉴定重点也有所区别。对于原生色的鉴定应注意其颜色特征与种质的关系。

① 绿色翡翠

天然翡翠的绿色只能出现根色及团色，不会有其它色形。并且绿色会进入晶体的晶格，晶体的颗粒是绿色，而颗粒的周边裂隙和晶隙都为无色。装入的染色剂只能存在于翡翠的裂隙和晶隙间即存在于颗粒的周边。

(a) 放大检查：在放大镜或显微镜下观察颜色分布，可见颗粒间颜色聚集，呈丝网状分布，在较大裂隙中可有染料的沉淀，有时形成色渣。

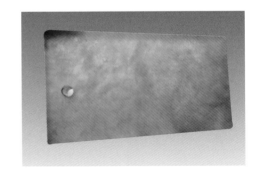

(b) 由于染色剂不可能进入翡翠颗粒的内部即没有进入晶格，不会出现翡翠当中的"散色"即豆色。翡翠豆色的形态与翡翠的质地密切相关，质地越细颜色化开越多，质地越粗化开越少。放大检查，染色翡翠不会出现化开的颜色，也就是染色剂与基底不可能有过渡，没有"散色"现象。

(c) 由于染色剂不透明，透射光观察颜色变淡。天然翡翠绿色部分透明度更好，透射光观察颜色变浓。

(d) 光谱特征：分光镜观察，铬盐染色翡翠会在红区中部 650 nm 左右产生吸收宽带，可作为染色的有力证据。

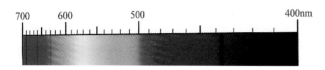

铬离子呈绿色翡翠吸收光谱

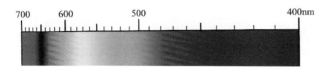

绿色染色剂染色吸收光谱

② 紫色翡翠

天然紫色翡翠的紫色是一种基底色，是原生色。颜色往往较均匀，但有时也会出现紫色不太均匀的紫豆。颗粒本身就是紫色。其裂隙内、颗粒间隙都没有颜色，裂隙及颗粒间隙内往往呈现白色，且往往是白色棉絮。行内往往称"白包紫"，即颗粒为紫色其周边为白色棉絮，从而形成白色的棉絮包围着紫色的晶体颗粒。

染紫色的翡翠，由于外来的紫色染色剂充填于颗粒的间隙和裂隙中，染色剂不能进入翡翠的晶格。所以翡翠的颗粒仍然是无色，而颗粒的周边也即是裂隙和颗粒间隙为充填的染色剂呈为紫色。也即行内所谓的"紫包白"。

值得注意的是有些染色的紫色翡翠由于年代久远，染剂褪色流散，表现为粒隙间极细的有色丝脉，与基底反差不大，在鉴定中不易察觉。

紫色翡翠的染料有时有荧光，有时没有，紫外灯下的强荧光可作为鉴定的辅助依据。

观察时要注意使用反光照明尽量不要使用投射光照明，因为当透射光照射时不管是天然紫色翡翠还是染紫色翡翠都会变得模糊不清，所以难以判断。当使用反射光照射时紫色和白色分辨得较清楚，所以尽量使用反射照明下观察。

天然的紫色翡翠在白炽灯下观察，紫色特别浓重。同一块紫色翡翠在日光下时紫色一般会变得非常清淡。染紫色的翡翠无论在什么光源下颜色改变不大。

天然紫色翡翠的颜色种类有红紫色、粉紫色、茄紫色、蓝紫色等，而染的紫色常为带有一点红色色调的艳紫色。颜色具特征色调与天然紫色并不相同。并且天然紫色翡翠的颜色一般与其质地有一定的关联性，通常颜色越好质地越差，冰紫往往只是出现在蓝紫色，灰紫色翡翠中。这些规律染紫色的翡翠是不具备的。

放大条件下，染紫色的翡翠也呈现网格色。

天然紫色翡翠"白包紫"，
颗粒为紫色，棉絮为白色。

2）次生色鉴定

黄翡、红翡的颜色鉴定有相似性，由于天然矿物质后期侵染，颜色亦在晶粒周围及裂隙、微裂隙等结构薄弱处聚集，乍看与染色有些类似，但总体的颜色分布可见，天然侵染颜色有深浅，有层次，有晕散般的渐变过渡痕迹，颜色渗透肌理，并有一定的方向，常伴随有较浅的云雾状的区域及深浅不一的颜色散点，放大观察色点有雪花状、苔藓状的矿物晶形，细看晶隙间丝脉状的颜色有些透明，染色剂则完全不透明，染色剂浓聚处的色点形态较圆滑，无参差的矿物晶形。

染红色的翡翠

天然红色翡翠是一种浸染色，它是一种次生色，只是它是自然的浸染，而非人工染色。天然红色翡翠是翡翠形成后，由于埋于地下或存于河流中，在地下水或是河流中的水的作用下将氧化铁带入其中。经历了千万年的地质作用，氧化铁逐渐进入翡翠的晶隙间或是晶格中，有些是在水的作用下变得透明。也可以认为红色逐渐形成了浸染色类似于绿色翡翠当中的散色，这种形态染色的翡翠是不具备的。染色的翡翠的颜色只存在于翡翠的颗粒的周围，不会进入翡翠的颗粒中。

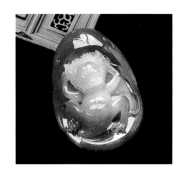

天然紫色翡翠"白包紫"，
颗粒为紫色，棉絮为白色。

染红色的翡翠仍然是一种网格色。放大观察会发现红色的染色剂呈粉末状。天然红色翡翠的红色部分透明度一般较好，即有一定的水头。由于染色剂不透明，所以染色翡翠的红色部分透明度很差，几乎完全不透明。由加热得到的红色翡翠透明度虽然也会变差，但不会出现完全不透明的状态。

天然红色翡翠的颜色是一种混合色且颜色有过渡，即红色里可有褐色、黄色及黑色色调，而染色的红色是一种单一的颜色没有其它色调。

3）假色（包体致色）鉴定

主要有乌鸡种翡翠的碳质包体呈色及飘蓝花种翡翠由于绿辉石较多时导致的整体色调变化，假色的鉴定相对比较简单，由于矿物包体有特殊的晶体形态，一般不容易仿造。此两种翡翠单独出现染色的可能不大，但可以有B+C的形式，故鉴定中需注意B货的存在。

4. 充填加染色处理

在漂白充填处理的同时加入颜色，经此种处理方法的翡翠行内称为"B+C"货。

鉴定：

鉴定特征结合漂白充填及染色的特征综合考虑，以染绿色翡翠为例，"B+C"翡翠的鉴定即在观察中除漂白充填的影响外还会发现染色的痕迹，另外在紫外荧光中可能出现荧光异常，如绿色部分绿白色，无色部分蓝白色荧光或整体无荧光的现象。

染紫色的"B+C"翡翠鉴定与绿色品种基本相同，常见两种，一种为整体浸泡染色，另一则涂抹染色，可

B+C 货翡翠及紫外荧光

单独出现也可与"B"货翡翠伴随产生，鉴定中需注意色形色调及其组合关系，天然紫色翡翠颜色的均匀程度与其质地及体积有关，通常，质地越好，体积越小紫色越均匀，质地越差体积越大紫色越花，但总体来说天然紫色多不十分均匀，颜色间过渡自然柔和，虽然也会出现颜色呈团块状不均匀的现象，但组成团块的晶体颗粒本身为紫色，可见团块边缘晶体的形态，而染色的团块边缘晕散，模糊不清，边界无晶体形态。

染蓝色的"B+C"翡翠，看起来与天然飘蓝花的品种有些相似，染色剂在其中呈丝状，使翡翠整体映衬形成蓝色，鉴定相对容易，天然飘蓝花为绿辉石矿物包体，有固定形态，而染色剂或为浸泡，或为涂抹，蓝花形态呈现点染状，丝线状等与天然形态明显不同，可沿晶隙及裂隙分布，在结构薄弱处可有染料的聚集，染蓝色的翡翠单独出现的可能性不大，多与 B 货伴随产生，因此检测中需注意光泽异常，酸洗网纹等 B 货特征。

红色－黄色系列的"B+C"翡翠：鉴定中应着重 B 货的观察，因其颜色成因与天然品种相似，当染色特征不明显时与天然品种极难区分，鉴定需结合漂白充填及染色的特征综合考虑。（可参考前文红色－黄色翡翠染色部分的鉴定）

传统的增色方法：

将上完蜡抛完光的翡翠放入装有绿色粉末的容器中滚动一下，拿出后表面凹处往往沾有绿色粉末碎屑，这样看起来整体翡翠显示淡绿色色调增加其售价。

最新的增色方法

抛光是翡翠加工的最后一道工艺。有人使用带有绿色粉末的抛光粉进行抛光，这样就会有绿色粉末进入翡翠的表面，增加绿色。当然增加的只是淡淡的绿色色调。

翡翠鉴定表

样品编号	
1、琢型	
2、大小	
3、颜色	
4、光泽	
5、光滑度	
6、变斑晶	
7、桔皮效应	
8、折射率	
9、密度	
10、酸洗网纹	
11、紫外荧光	
12、色形	
13、分光镜	
14、质地	
15、透明度	
16、品种	
17、备注	

马鞍形糯化种黄翡戒指

罕见的鸡油黄，颜色均匀饱和，质地细腻油润且工艺精良，整体造型对色形色质的运用十分到位，马鞍形宽大的幅面将体色的浓正阳匀体现得淋漓尽致，边缘折角线条柔顺，且与戒圈颜色自然过度，使整体充满和谐的美感。明丽的黄调，高贵温暖，搭配大气的马鞍形的设计正是相得益彰。

第五章
翡翠的品种
介绍及欣赏

第一节 翡翠绿色系列主要品种介绍

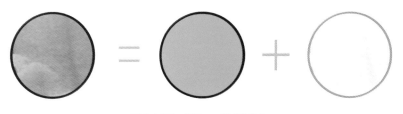

种（广义）=颜色 ＋ 底（地儿）

1. 老坑种

翡翠中最高档的品种，有色有种，品质绝佳，颜色浓正阳匀，四样俱美，质地为玻地—高冰地，色与地搭配完美，相互映衬也是产出最少、最难得的组合。达到老坑种的翡翠颜色深而不暗，明亮度高，色调纯正无邪且通体一色，极其均匀，质地细润柔和，色因地而晶莹通放，地因色而蕴溢生机，娇翠欲滴，内敛光华，明媚的色彩与含蓄有韵致的基底造就出充满东方情调的至美传奇，似乎是将自然界的一切美好浓缩为方寸之间的无限春意，仿佛有无数的内容在其中待人品味解读，只要见过老坑种正阳绿的人无不被它充满生命力的色彩和丝绒般的质感彻底征服，它是翡翠色彩与种质搭配的巅峰，它的独特神韵是东方文化和谐之美的典范。

2. 绿水种

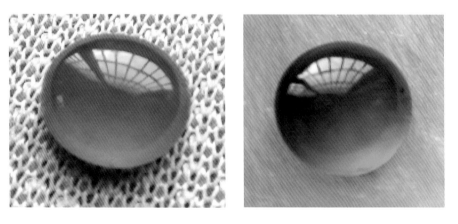

　　铬离子产生的纯正绿色，浅淡且均匀的融化于玻璃地的底子中，如春水碧波，荡人心神，又如夏日的清风带来难得的清凉，成品形体中部颜色稍浅，但光泽明亮犹如高光，转角处及轮廓边线颜色渐浓，光泽略显暗淡形成阴影的效果，勾勒出极富立体感的画面。光照中，向光一侧颜色淡化，背光一侧颜色加深混合光感，产生一种亮绿色的明艳荧光，光随影动，绿意盈盈，灵气逼人。

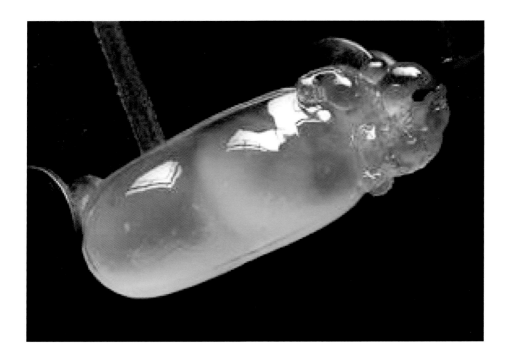

3. 后江玉

产自缅甸后江河床砂矿，其中致色元素铬以充填形式形成根色，色种质均不错，底子为冰地、高冰地满色，颜色绿中偏黄，由于形成环境接近地表，多裂隙，主要做小件饰品。后江种翡翠颜色鲜阳，质地娇嫩，但地不发色，颜色荡不出来，整体感觉不够鲜活。

 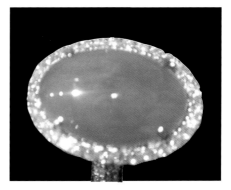

4. 花青种

翡翠中绿色不均匀，不规则的品种统称花青种，其间绿色可呈丝状、带状和团块状分布，质地有粗有细，但通常较粗、颗粒较大，可从冰地—粗豆地，形成冰地花青、豆地花青、瓷地花青等，花青翡翠可说是翡翠中涵盖最广的一类，大部分的翡翠颜色都不十分均匀，因而都可归于花青种，翡翠颜色千变万化的表现形式在这个品类中得以充分体现，变幻莫测的色形色调不但尽显自然色彩的形式之美，也给雕刻者因才施技提供了广阔的艺术空间。金丝种与龙石种均属花青种。

（1）金丝种

若翡翠的绿色成丝状或条带状，且相互平行排列，绿色是根色且具有方向性。这样的花青种可称为金丝种。金丝种的绿色是由许多柳絮般的绿丝密结而成，绿色可以细若游丝也可以呈较粗的条带状，根据绿色的分布形态可以分为：顺丝、乱丝、片丝等，"顺丝"是指绿丝顺直且平行分布的；"乱丝"则是杂乱无章或如丝网瓜络者；"片丝"中绿色排列极密，并排而连成小翠片，看似平行的片状。

金丝种根据质地的不同又可分为：

冰地金丝、化地金丝、油地金丝、豆地金丝、粉地金丝等。

（2）龙石种

是花青的的一个品种，质地为化地到冰地，光泽度较好。由于质地致密坚硬，绿色里带有一点微蓝色，给人一种清冷冰寒的感觉，是一种寒种寒色的翡翠。

5. 八三玉

又叫"爬山玉"，83年开始采矿，底色较白或灰白中分布着淡紫色、淡绿色斑块，绝大部分质地较粗且种干，光泽一般较弱，感觉质地较软。

好的八三料，紫色绿色分布较多且较鲜艳有春花怒放之感，即春带彩，品质主要取决于透明度、颗粒大小及两种颜色的搭配效果。

6. 马牙种

马牙种翡翠一般是绿中有白、白中有绿、绿白相间，是一种质粗、种干翡翠。质地较细者透明度也不高，光泽犹如马牙齿表面的珐琅釉质，颜色大致满色，但细看起来分布不是很均匀，绿色中间含杂丝脉状白色条纹，十分特别。

质地非常差的八三玉可用来制做B货

7. 铁龙生种

又叫"天龙生"，是一种新发现的品种，主要由钠铬辉石组成，颜色鲜绿，满色。铁龙生颜色虽浓重但比较鲜阳，色正不邪，黑暗色调较少，颜色通常遍布整体但深浅不太均匀，多数颗粒较粗，透明度不佳，大多微透明到不透明，少

数可以接近半透明，含黑点少，常会有些白花，产生白茫茫的茸茸外观。

铁龙生种的翡翠有一种特别的绒布质感，古朴沧桑的韵味，别具风情，有很强的装饰效果。质地较好的也可以达到高价翡翠的行列。但质粗不透则多用来做薄水货。

8. 乌砂种

产于黑乌砂皮翡翠原石中，质地一般较粗，底子较脏，常含黑色杂质，颜色为交代形成的团色，多数不均匀。质量好的乌砂种可以整体呈色，但因颜色为交代形成，不可能满色，同一块料颜色深浅会有些差异，乌砂翡翠的绿色浓度较高，常因色深而显黑色色调。质细水长的乌砂种翡翠是翡翠中艳绿色彩的巅峰，绿色浓度可达95%以上，它的绿是如此纯粹，如此彻底，犹如一种勇往直前的激情，在这一片热辣的色彩中，洋溢东方式的浓郁与热情，带来慑人心魄的力量，它灼人的艳丽向世界展示着翡翠绿色的极致之美。

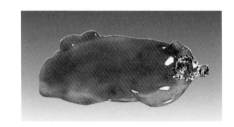

9. 芙蓉种

由铁致色的淡绿色芙蓉地组成，颜色
虽较浅但遍布基底，分布十分均匀，属于
地子色。质地不很细致，看上去有颗粒感，
但颗粒间界限不清，结合较好。大部分芙
蓉种翡翠的透明度中等，有时也可以达到
接近冰地的程度，此种翡翠贵在色质统一
产生整体性的协调美感，质地洁净颜色纯
正，犹如出水芙蓉般清雅宜人。在芙蓉地
的基底上分布着团色、根色又叫做芙蓉地
花青种。

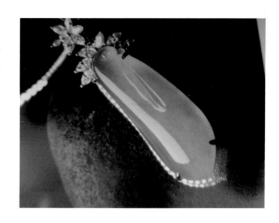

10. 白地青

白地青种属于新坑翡翠，质地一般较粗，也有较细者，特点是地色较白，绿色鲜艳，绿
白分明。绿色常为呈斑点状、团块状分布的团色组成，是交代形成的颜色，与白色基地几乎
无过渡边界，对比强烈，独特的色彩和质地搭配使整体显得十分明快清爽。工艺上常利用其
绿色部分做俏色处理，根据质地的不同又可分为冰地白地青、化地白地青、豆地白地青、瓷
地白地青、粉地白地青等。

第二节 翡翠蓝色系列主要品种介绍

1. 蓝水种

翡翠中罕见的品种,玻璃种蓝—浅蓝或绿蓝,铁致色无灰色调,结晶细腻无颗粒感,几乎不含杂质,净度极好,光泽明亮,通透匀净的质地如水般澄澈,清冷冰寒,华光潋滟,它是如此的与众不同,孤傲,凌烈,透着桀骜不驯的大胆与刚强,它是翡翠中的蓝血贵族,低调演绎着充满格调的鲜活生命。

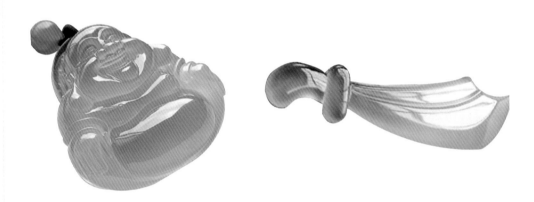

2. 蓝色系列的其它品种——蓝冰种

质地为冰地,透明度光泽及质感皆弱于蓝水种,感觉较柔和,如同空谷幽兰,不经意间散发出高雅悠扬的气质,蓝绿体色中常含一点灰色色调,有时却让整体氛围更显淡远清逸。

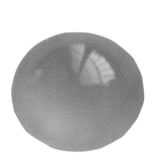

第三节 紫色翡翠品种介绍

紫色翡翠统称为紫罗兰种，又细分为

1. 粉紫

颜色粉嫩为带粉红色调的柔美紫色，通常颜色浅淡，颗粒有粗有细，透明度不等，质地从冰豆地到粗豆地。

娇俏的颜色令珠宝散发出柔情蜜意，犹如浪漫的宣告或永恒的爱情象征。粉紫翡翠的价值由质地细腻程度、水头、颜色浓淡、分布均匀程度及颜色与基底的搭配美感决定。

2. 红紫

红紫翡翠的颜色一般有一定浓度，质地通常较粗，透明度较低，如果颗粒较细有色有水则是难得的珍品。

红紫颜色艳若桃李，极尽妖娆，极具女性化的色彩尽显女性妩媚优雅的气质。上等的品质要求颜色均匀浓艳，质地柔细润泽，透明度较高。若底子不甚透明，但颗粒细腻，如玛瑙种、糯化地等，颜色不能满色但色阶过渡柔和呈渐变关系，与基底搭配协调，杂质裂隙较少，也是比较完美的。

3. 蓝紫

蓝紫翡翠一般颗粒较细，透明度较好，最好的质地可以达到冰紫，颜色浓淡程度不等，通常颜色较浅，也有比较浓重的颜色，高品质的翡翠颜色应不带灰色调，灰色的存在一般会使价值降低，但蓝紫翡翠中的冰紫里淡淡的灰色色调虽降低了色彩的明度却营造出一种宁静悠远的意境，清淡雅致的情调，那紫中的一点浊，宛若文人画意中云山雾霭的飘渺仙境，又似蕴含着人世间温润绵长的丰沛感情，像极了与生命等长的爱情，浪漫华美背后抹不去那些生活的痕迹。

4. 茄紫

茄紫颜色为带灰色调的蓝紫或红紫色，颜色一般不很均匀，透明度可以比较好，紫色色调常较浓重，有时出现紫色很浓的紫豆。配合设计师的巧思，常用以制作时尚感、装饰性很强的饰品。

5. 紫豆

质地较粗，颗粒感较强，如一颗颗紫色的豆子称为紫豆，颜色常不均匀，透明度也较低，质地较干粗，一般价值不高。

第四节 翡翠黑色系列主要品种介绍

1. 乌鸡种

颜色为点状、条带状、片状等灰黑色，主要成分为硬玉。黑色是有机碳等杂质致色而成的。种质细腻的乌鸡种翡翠犹如水墨渲染的氤氲山水，随意点染着古雅的文人情调，表现为点墨、全墨、云彩墨及山水墨等。底色可有白色、浅绿、暗绿、黄色等。

2. 干青种

干青种主要是由钠铬辉石组成的一种几乎满绿色的翡翠，绿色浓度大，颜色较深，多伴有黑色调，颜色分布可以相对均匀，但多数颜色深浅有些差异，常含黑色杂质矿物。粒状结构，透明度较差，几乎不透明，只有切成薄片，可使颜色呈现较鲜艳的绿色，所以往往用来做较薄的首饰。又称这种翡翠首饰为"广片"。

3. 墨翠

这种墨绿到近黑色的翡翠主要由绿辉石组成，可含其他矿物，透射光下显示深绿色，优质墨翠色重质细，为纤维状集合体，透明度较好。折射率可高至1.67，比重达3.34，比硬玉质翡翠略高。抛光后显示极强的光泽，透光下呈现出令人惊艳的浓绿。色调深沉凝重，质感强烈，常用来表现有现代感的设计风格及庄重大气的男性题材，浓墨重彩间透出充满尊严、不妥协的精神，而它浓艳的绿包裹在沉郁的黑之下，绿黑相伴如影随形，又被称为"情人的影子"。有人说"拥有墨翠，是万分之一的幸运"，平均每一百万颗翡翠原石中才可能有一颗是墨翠，这种百万分之一的机会使其稀有性日益提升，因其稀有，更显珍贵，身价日隆。由于墨翠材质的特殊性，雕工是体现其价值的重要方面，墨翠的工费相对较高，多是精工细做，常亚光与亮光并用表现层次及纹理。

4. 黑油青种

黑油青是油青与墨翠过渡的一个品种，透明度较好，透光下可见微蓝或灰绿色调，光泽质感皆不如墨翠，还有一种黑油青整体呈灰黑色，由于含铁及杂质太多引起，美感较差，价值不高。

翠韵天下

这条翡翠珠链由产于缅甸"木那"场口120千克的翡翠原石制作而成，由57颗"老坑玻璃种"的翡翠珠子串成，最小的珠子直径为11.74毫米，最大的则达17.57毫米，每颗珠子同质同色，颗颗晶莹剔透、圆润饱满、翠水欲滴。颜色"浓"、"阳"、"匀"、"正"，极其罕见，其价值超过亿元。〈七彩云南翡翠〉。

第五节 翡翠无色系列主要品种介绍

1. 玻璃种

玻璃种翡翠是无色透明，由纯硬玉组成的一种翡翠，颜色从近无色到带有各种微弱色调，组成颗粒为极细粒纤维状晶体，结构均匀细腻，肉眼看不到颗粒，透明度最佳，玻璃种翡翠抛光良好的表面可以产生极明亮的光泽，晶莹剔透的质地，十分适合表现时尚的设计。加工成弧面的成品可以从内部散发出一种光，称之为"起莹"，玉质感极强，荧光灵动。此种翡翠清泠如水，似可明心见性，光泽朗灿，带着率性与不羁，温婉中蕴含刚直的风骨，柔软中满是坚强的力量，充溢着东方的灵性与深度，亚洲文化的美感和智慧。

清露吟

你是花瓣上零落的露珠中
最硕大明亮的一颗，我坠
你在颈间胸前，与我缱绻
缠绵，当风来的时候，我
看到你的模样，那么明
艳，澄洁，柔媚，坚韧又
宛转悠扬，似我年少初开
的情怀，在等待的季节
里，莲一样绽放。

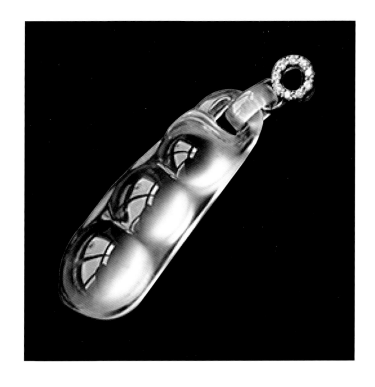

加工成弧面的成品可以从内部散发出一种光，称之为"起莹"，玉质感极强，荧光灵动。

玻璃种又分为亮水、靓水、晴水、灰水、辉水、蓝水等。

（1）亮水

堪比雪后骄阳映照天空般的清澈亮丽，又带有西方世界那种坚硬的质感，透明度很好且光泽极强。

（2）晴水

犹如春日柔光中的一湾晴水，又似新雨过后洗出天地间一片清新明朗。晴水翡翠透明度很好，光泽柔和，坚硬质感也较亮水稍弱。

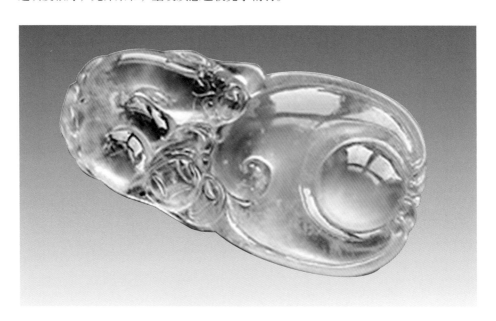

（3）蓝水（同上）

（4）辉水

在清澈透明之中有淡淡的辉光呈现。仿若夏夜薄云流动下的柔和月色，皎洁中透出一丝朦胧清远。

（5）辉水

2. 冰种

透明度比玻璃种翡翠略低，组成矿物中的硬玉颗粒度稍大，肉眼看去有颗粒感，但边界不清晰，或含有细小包体，由于内含物导致透明度降低，加工成弧面的成品表面会扩散出白色的辉光，这种飘光的效果有时有点象月光石。冰种翡翠较玻璃种的明净通透更具朦胧美感，它将大自然的诗意化为女人指尖耳畔的一抹迷情，亮冰如烟锁寒水，白冰似月笼轻雾，氤氲着诱人的清辉，浅吟低唱，在欲言又止中带有独特的韵味与风情，它承载的是文人笔下的婉约之美，东方哲学的终极追求。

冰种飘光翡翠戒面

3. 冰豆种

质地较粗，颗粒较大，但透明度较好。颗粒与颗粒间结合好，虽然透明度不如冰种，但抛光后的水波效应却很强，如波光粼粼的水面般晶莹灵动。

4. 糯化种

由细粒到极细粒，也有些稍粗的颗粒组成。颗粒间的结合一般，从而导致透明度中等到微透明。是一种化地，一般在1分水左右。但质地细腻温润程度较好，依次为玛瑙种、浑水、糯化、藕粉、豆化及芋头种。透明度为1分水左右。

5. 干白种

此种翡翠一般质粗，种干。几乎没有水，颗粒较干呈现白色，也有由于内部白花多而呈现白色。价值很低。

第六节 翡翠红—黄色系列品种介绍

1. 红翡

红色的翡翠是由赤铁矿浸染形成的颜色，正红者少见，多为棕红、褐红色。质地多数较干粗，玉质细润，水分充盈则十分难得，最好的红色称为鸡冠红。红色一向被视之为具有吉祥、富贵的寓意。好的红色通常比黄色的翡翠价格更高。

2. 黄翡

黄色是褐铁矿浸染形成的颜色，颜色通常带些褐色，通常认为以不带褐色调的为明亮、正黄为最好，如栗子黄、鸡油黄等，而带有些许橙红色调则使整体颜色更加鲜艳明丽。

翡翠中的纯正黄色，搭配水润透明的基地如冬日暖阳般温存耀眼，似乎是大自然用真心唤起人们心底的融融暖意，那原始的呼唤，带来欲望都市里最温馨的感动。

黄翡

黄色是褐铁矿浸染形成的颜色，颜色通常带些褐色，有人以为栗子黄为最好。

翡翠中的纯正黄色，搭配水润透明的基地如冬日暖阳般温存耀眼，似乎是大自然用真心唤起人们心底的融融暖意，那原始的呼唤，带来欲望都市里最温馨的感动。

尺寸：30X16X4 mm

第七节　翡翠其他品种介绍

1. 春带彩

在紫色翡翠底中，分布着不规则绿色，绿色多数比较淡。颜色介于明朗与温柔之间，展现春日里的神奇魔力，散发出绚烂馥郁的独特芬芳，用梦幻的色彩绽放生命中的花样年华，带来美仑美奂的视觉畅想。

2. 福禄寿

翡翠的颜色多姿多彩，如果同一块翡翠上面有着绿色、红色、紫色时，代表福、禄、寿三喜，是圆满吉祥的象征。

3. 五彩玉

五种颜色在同一块翡翠中出现，行内有人称为福、禄、寿、喜、财，它承载着多彩的大千世界。

4. 豆种

豆种是翡翠中最为常见的品种，行内有十有九豆之说，豆种的特征鲜明，绿色清淡多呈绿色或青色、质地粗疏，透明度从近透明的冰地到不甚透明的豆地都有，豆种翡翠品种繁多，有豆青种、冰豆种、糖豆种、甜豆种、油豆种和彩豆种等近几十种。多数豆种翡翠被用做中低档手镯、佩饰、雕件等，豆种翡翠的市场接受程度很高。它的绿色色调纯正，整体的颜色明快鲜亮，比较符合国人的审美情趣。且价位适中，虽然质地比较粗糙，透明度也很低，在种水上没有任何优势可言，但颜色毕竟是绿色，佩戴效果也算靓丽，全面考虑其种、水色的特点，豆种翡翠也只是中档的价位。

因此理所当然地占据了中档商业级翡翠的相当大份额。

5. 油青种

油青种翡翠是由硬玉和绿辉石共同组成。颜色带有不同程度的灰色色调，感觉陈旧阴暗。光泽比一般翡翠弱且带油脂感故称为油青种。按品质优劣依次为绿油青、蓝油青、灰油青、深油青及黑油青等。

结晶颗粒细腻者，透明度好。颗粒度部分较粗者称为油豆种，豆多者透明度较差。

缠绵一世心

冰紫同心扣翡翠挂件，大地
亿万年前的激情碰撞，沉睡
千载的漫长等待，只为承载
那个梦中的永恒。

2012年市场参考价：270万元

尺寸：58X58X16 mm

第一节 翡翠的颜色分级

观擦翡翠颜色的条件：

1. 光源

① 中午阳光稳定

② 早上阳光偏红

③ 午后阳光偏黄

④ 晴天亮、阴天柔

⑤ 黄光偏暖白光偏冷

⑥ 绿光色多

⑦ 光强色淡

⑧ 光弱色浓

最佳上午 10 点到下午 2 点，且勿阳光直射。

2. 背景

① 白色背景：颜色鲜艳，浓度降低

② 黑色背景：浓度增高，颜色较暗

3. 观察者

颜色识别能力，因人而异，专业训练，正确的观察方法，反光观察切勿透光。

一、翡翠颜色浓度的分级

颜色的浓度是指有无颜色，颜色有多少，也就是单位体积上绿色的多少，只有浓郁的颜色才是翡翠绿色的巅峰。颜色的多少也是翡翠一种底蕴程度的表现，颜色浓郁底蕴深厚，颜色浅淡则显得底蕴不足，极浓时且光线弱时感觉有些黑色色调，而极淡为接近无色即几乎没有绿色。

观察颜色时只考虑绿色不考虑其它颜色，如蓝绿色中只看其中的绿色而不考虑蓝色，把蓝色剔除，如灰绿色中只是看其中的绿色而把灰色抛开。

翡翠的颜色的"浓"和"淡"不是简单的指翡翠的颜色的"深"和"浅"。如绿油青的颜色虽然颜色看起来很"深"但是实际却不"浓"，颜色感觉偏深是因为其中绿色加入了灰色的成分，其实绿色并不多，所以颜色为淡。

翡翠绿色的浓度是绿色的多少与饱和度的综合反映，用浓度描述颜色是我们中华民族特有的对宝石颜色的表征方法。行内将翡翠颜色浓的称之为"老"，淡的称之为"嫩"。人们认为翡翠的绿色的浓和淡与翡翠的生长年代有关，翡翠的生长年代越长绿色越浓、翡翠的生长年代越短绿色越淡。

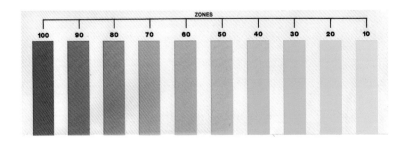

表1 翡翠颜色浓度的分级

	描述	等级	分值
	感觉暗黑但无黑色色调，高翠	极浓	100 ~ 95
	颜色浓重饱满，属于高档翡翠	很浓	95 ~ 90
	颜色感觉较浓，颜色艳丽火辣	浓	90 ~ 85
	颜色浓度稍多，感觉稍微浓艳	稍浓	85 ~ 75
	颜色阳绿偏深，感觉鲜艳稍浓	适中	75 ~ 70
	颜色阳绿偏淡，感觉鲜艳稍淡	适中	70 ~ 60
	颜色浓度较少，感觉稍微清淡	稍淡	60 ~ 50
	颜色浓度不多、色浅，感觉清淡	淡	50 ~ 40
	有色却很淡，往往是翡翠底色	很淡	40 ~ 30
	感觉无色却有极淡的绿色调	极淡	30 ~ 20

二、翡翠颜色纯正度的分级

翡翠的"正"是指色彩的纯正度,在绿色翡翠中即指绿色的纯粹程度,不偏黄也不偏蓝。绿色的翡翠的色相变化在于黄色至蓝色之间,以正绿色为最佳。色相的变化中并不存在黑、白、灰。颜色的纯正度对其价值影响很大,正绿色的价值最高,而稍带一点黄的感觉则会降低价值,但不严重,而偏蓝色则会大大损害其价值了。

用坐标表示:纵坐标表示浓度,横坐标表示纯正度,以下的图形表示颜色的价值所在。

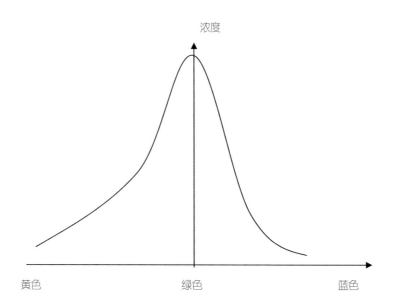

表 2　翡翠颜色纯正度的分级

	绿色较少，黄色较多，黄中带绿	很黄	55 ~ 35
	绿色里偏黄，具有明显的黄色	黄	70 ~ 55
	绿色稍偏黄，具较明显的黄色	显黄	80 ~ 70
	绿色里稍黄，可以看出黄色调	稍黄	90 ~ 80
	感觉有黄色，却看不出黄色调	微黄	95 ~ 90
	最纯正的绿色，不见其他色调	纯正	100 ~ 95
	感觉有蓝色，却看不出蓝色调	微蓝	95 ~ 80
	绿中稍蓝，可见较明显蓝色调	稍蓝	80 ~ 65
	绿色里偏蓝，具有明显的蓝色	显蓝	65 ~ 35
	绿色较少，蓝色较多，蓝中带绿	蓝	35 ~ 10

三、翡翠颜色鲜阳度的分级

鲜阳度是指鲜艳程度亦可理解为新旧程度，与翡翠所含灰暗色的多少有关。与有无颜色及颜色的色调等无关，是指翡翠的亮丽程度。

对于绿色翡翠阳是指翡翠颜色的鲜艳明亮程度。主要是由于翡翠含绿色和黑色或灰色的比例来决定的。绿色比例多，颜色鲜艳明亮，若含黑或灰色较多，颜色就会沉郁阴暗。行家往往采用形象的方法来表示颜色的鲜阳。例如：黄阳绿、鹦鹉绿、葱心绿、辣椒绿，都是指鲜阳的颜色。而菠菜绿、油青绿、江水绿、黑绿，则指颜色沉闷的暗绿色。越鲜阳的翡翠，自然价值越高。

对于无色翡翠阳是指明亮程度，不含灰色为最明亮，灰色越多明亮度越差。如白冰的明亮度最好，暗灰色油青的明亮度最差。

对于黑色翡翠阳，黑得有神、黑得亮丽的纯黑色为最佳，如质地好的墨翠。

步步高

一段青葱的翠竹，一片郁郁的春色，一生无尽的祝福，都在这方寸之间为你流连，它是古人演绎千年的谦谦君子，是中华民族宁折不弯的脊梁。

2012年市场参考价：110万元

尺寸：38X17X4 mm

表 3　翡翠颜色鲜阳度的分级

	极鲜艳且非常亮丽	极阳　100 ~ 95
	很鲜艳并且很亮丽	很阳　95 ~ 90
	鲜艳且能显示亮丽	鲜阳　90 ~ 85
	较鲜艳且比较亮丽	较阳　85 ~ 80
	尚鲜艳且无陈旧感	尚阳　80 ~ 70
	稍陈旧略有灰色感	稍阴　70 ~ 60
	较陈旧有灰色色调	较阴　60 ~ 50
	陈旧含有灰色较多	阴暗　50 ~ 40
	很陈旧含灰色很多	很暗　40 ~ 30
	非常陈旧灰色极多	极暗　30 ~ 20

四、翡翠颜色均匀度的分级

1. 匀指翡翠颜色的分散与集中程度,搭配和谐美观程度。主要考虑以下几个方面:

① 颜色本身的存在形式

集中的色团、色块比分散的丝脉状颜色具有更好的均匀度。

② 颜色在整体中的分布形式

相同体积的颜色,集聚分布较色间疏离者均匀度更好。

③ 颜色间的搭配程度

色形、色调、浓淡深浅等搭配和谐美观,过渡柔和自然,均匀程度较好。

2. 匀指翡翠颜色占整体的面积的多少

翡翠中有色的区域在整体中所占份额越大,均匀程度越好,如能满布整体,均匀度为100%。

1. 均匀程度很好,颜色深浅稍微有些变化。

即大约为90%。

2. 绿色的面积约占整体的70%。

总评匀度为:90% × 70% = 63%

1. 均匀程度较好,颜色深浅有些变化。

即大约为75%。

2. 绿色的面积约占整体的30%。

总评匀度为:75% × 30% = 23%

表4 翡翠颜色均匀度的分级

	极均匀颜色，整体均匀密布	100~95
	非常均匀颜色，几乎为满色	95 ~ 90
	很均匀，部分为无或色淡	90~ 80
	均匀，其中可见无色部分	80~ 70
	较均匀，大部分为绿色调	70~ 60
	尚匀，颜色较花占约大半	60~ 50
	较不均匀，颜色占约一半	50~40
	不均匀，颜色为片状，很花	40~30
	很不均匀，颜色为团块状	30~ 20
	极不均匀，颜色为星点色	20~10

第二节 翡翠的种质分级

一、翡翠种（水）的分级

种水是指翡翠的透明度，也是指翡翠的晶莹程度。观察透明度要注重颗粒及颗粒之间的空隙，不考虑颜色的深浅、雕件的厚薄及杂质的存在。

表 5 翡翠种（水）的分级

	地子	水头	价值
	玻璃	3.0 ~ 2.7	100 ~ 98
	玻璃	2.7 ~ 2.4	98 ~ 95
	玻璃	2.4 ~ 2.1	95 ~ 90
	冰地	2.1 ~ 1.8	90 ~ 80
	冰地	1.8 ~ 1.5	80 ~ 75
	冰豆	1.5 ~ 1.2	75 ~ 60
	化地	1.2 ~ 0.9	60 ~ 50
	化豆	0.9 ~ 0.6	50 ~ 40
	豆地	0.6 ~ 0.3	40 ~ 30
	粉底	0.3 ~ 0	30 ~ 10

二、翡翠质地的分级

翡翠的结构是指结晶颗粒的大小、形状及结合方式。

① 当结晶颗粒越小、结合越紧密，透光性越好，质地越细，越晶莹透明。

② 质地越细、颗粒间结合越紧密，表面反光程度越强，光泽明亮，质感坚硬，越有刚性。（行内称具有坑味的翡翠就是指质地细且有刚性的翡翠。）

反之，若颗粒粗大，结合松散则质地粗，透明度差，光泽也弱。

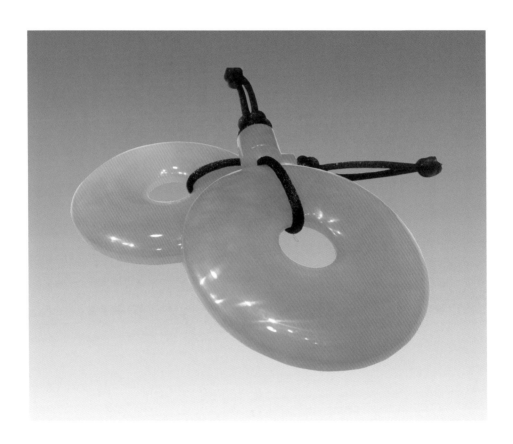

表 6 翡翠质地的分级

	玻璃	不见，显微镜下不见任何颗粒	100 ~ 98
	玻璃	极难见，显微镜下极难见到颗粒	98 ~ 95
	玻璃	极难见，指肉眼极难见到颗粒	95 ~ 90
	冰地	很难见，肉眼难见颗粒，属高冰	90 ~ 80
	冰地	难见，肉眼偶尔可见细小颗粒	80 ~ 75
	冰豆	可见，肉眼可见颗粒，且常较大	75 ~ 60
	化地	较易见，肉眼可见，颗粒且较小	60 ~ 50
	化豆	易见，部分为豆与化之间	50 ~ 40
	豆地	明显，颗粒度很、大很明显，可见	40 ~ 30
	粉底	极明显，颗粒度非常大，呈片状	30 ~ 20

第三节 翡翠的工体分级

一、翡翠雕工的分级

雕工优劣是指琢磨的完美度。包含 ①寓意 ②比例 ③对称 ④工艺 ⑤修饰等方面。

现代翡翠雕刻是传统雕刻技艺在新时代的传承和发展，主要体现在工艺技法和艺术思想两方面；具体可从造型、布局、色彩和线条等方面分析翡翠的雕刻工艺。

二、雕刻翡翠的工艺欣赏

1. 造型

① 圆雕：即全立体的雕像，从各个方向都可欣赏，具有三维空间形态的雕塑形式，多取材于动植物及人物形象，常用作摆件。构思常"因势造型"，根据玉材的天然形态进行艺术创作和加工。

② 浮雕：又称"阳刻"，是指在平面上雕出凸起的形象，从一个方向欣赏的雕塑形式按表面凸出厚度的不同，分为高浮雕、浅浮雕（薄意雕）等，浅浮雕应具流畅的线条及清淡雅静的情调；高浮雕则具有强烈的空间感，适于表现多层次的题材，层次间前后、穿插、遮掩等相互关系的协调性显得尤为重要。浮雕技法常巧妙运用体积变异、线条流动、光影处理等表现手法达到出色的艺术效果。

③ 沉雕：是相对浮雕而言，又称"阴刻"，在雕刻品的平面上刻出呈凹陷状的图案，富有金石趣味。

④ 透雕：是在浮雕的基础上将形象间不具表达具体内容的部分镂空，取得玲珑剔透的装饰意味。

传统的动植物造型或精炼概括或细腻写实，皆注重对动植物自然状态下生活习性的刻画，因此极富生气，仙佛人物则有的气象庄严，有的怪诞神秘，可亲可敬，不一而足。

2. 色彩

翡翠中的色彩有时又称为"情"，人们把有颜色的翡翠称为"有情"，翡翠中缤纷多彩的颜色如同翡翠的心情表情，雕刻中对色彩的运用主要分单色和多色两类，纯色的翡翠多依照色彩本身的色调气氛，色彩心理选择适合表现的题材内容，使翡翠原料的色彩与主题相互烘托，翡翠中所含色彩的形态和体积是自然界微妙的作品，在设计中要注意艳色部分的安排，使之既突出醒目又能与整体和谐统一。对于多色玉料，色彩的使用常运用"俏色"的艺术手法，俏色即"顺色取材"，利用材料本身的色彩色形雕琢表现对象，俏色中要达到"一绝、二巧、三不花"的艺术效果，对主题起到画龙点睛的作用。各种颜色间的搭配安排也应贴切合理。

3. 线条

我国传统艺术一向注重在造型中运用线条的表现力，塑造生动传神的艺术形象，直线刚劲有力，讲究一气呵成，干净利落，转折自如，无拖泥带水之处，刀脚清爽，硬朗；曲线流畅自然，如同行云流水，在用线中注重线条的力度、弹性和动态节奏，方圆之间，刚柔相济，包含着丰富的对比与统一的协调美感。

线条在人物的表现上最能体现匠师的艺术功力。在欣赏人物作品中尤应注意面相、眼神、身段和衣褶线条的刻画，面相眼神应生动传神，有感染力，常规比例为"三停五眼"，人物身体的比例关系协调，传统口诀称之"站七坐五盘三"，有时可有适度的艺术夸张和变异，如古代作品中的"文胸、武肚、美女腰"，即刻画文官应突出胸部以示其韬略，武将腹部凸起表现其威猛，美女要溜肩细腰才能显示她的婀娜妩媚，老人弓背更能显出老态龙钟，弥勒佛五短身材则更显风趣诙谐。而衣褶线条的刻画不仅要做的"衣不伤骨"，也是表现人物性格的重要方面，如弥勒佛性格乐观幽默，衣纹应柔软圆滑，奔放流畅；观音菩萨气定神闲，衣纹线条沉稳简练，静中寓动；关公性格刚正忠义，衣纹也应挺括有力。

4. 布局

繁简得宜，疏密有致，虚实相生，动静结合是基本的艺术原则，结构上的经营常结合绘画的思维理念，讲究画面的画外之意，意在言外，无形与有形的互动，在有限的环境中创造出无限的意境。布局中各部分的比例及季节的配合也应考虑，如动植物的出现时间是否一致，虫草花叶，山石树木、鸟兽人物在整体画面中的安排是否得宜，传统上有"丈山尺树寸马分人"的说法。

成品翡翠大致可以分为装饰佩戴的首饰性翡翠及作为艺术品的欣赏性翡翠。其中首饰性翡翠工艺的优劣评价首先体现为款式及设计，其次是加工的技术水平。

而对于欣赏性翡翠，作品的题材寓意及加工技法对主题的表现程度，是评价工艺的主要方面。此类翡翠着重于作品所包含的思想内容、艺术境界及情趣。作品的观赏性取决于题材与翡翠材质两者的相互表达，即作品是否充分利用了材料的天然美质及材质是否最终表达出作品丰富的文化内涵，引起欣赏者的情感共鸣。

三、素形翡翠的工艺欣赏

素形品的工艺欣赏主要体现在造型比例及抛光修饰两个方面，造型要求轮廓分明，简约大气，比例恰当；抛光应均匀平顺，各部分反光强度基本一致，边缘及顶端光泽强烈，弧顶可汇聚明亮的光斑，光素的翡翠适宜表现种水，能让色映照更好。

常见造型的理想比例如下：

椭圆形：厚度∶宽度∶长度的理想比例大致为 1∶2∶3

圆形：厚度与长宽比近乎 1∶2

橄榄形：理想比例接近 1∶1∶2.5

水滴形：标准比例在 1∶1.2~1.4 之间

心形：理想比例为 1∶0.9~1.15（此处仅指双凸造型翡翠）

手镯的工艺评估主要取决于造型，同时考虑抛光，在抛光良好情况下，圆条状的手镯工艺分数为100%，外圆内平的手镯根据其厚度及宽度分数在70%~80%之间酌情增减，椭圆形的贵妃镯大约在 50% 左右。

珠链看其圆度及抛光修饰评判工艺。

表 7 翡翠雕工的分级

很完美	五项均好	100 ~ 95
完 美	四好一中	95 ~ 90
非常好	三好两中	90 ~ 85
很 好	两好三中	85 ~ 80
好	一好四中	80 ~ 75
较 好	四中一差	75 ~ 70
一 般	三中两差	70 ~ 60
较一般	两中三差	60 ~ 50
差	一中四差	50 ~ 40
很 差	五项均差	40 ~ 20

四、翡翠体积的分级

翡翠的价值取决于用料的多少及取料的难易程度。对高价翡翠来说，体积对价钱影响更大，所以翡翠的货型很重要，无雕的翡翠价值高，因其不掩瑕疵，只能选用较完美的原料，成品能保持较大的体积就更加难得。

1. 戒面

标准戒面规定体积为（$6.35 \times 13.8 \times 18.8$）$mm^3$ 即（1648）mm^3

一般翡翠按大小比来计算，即以实际体积与标准戒面的比值计算，高档翡翠（老坑种、满色乌砂种、绿水种等）当大于一个标准戒面时按平方计算，即评估的体积是实际戒面的平方。

2. 花件、观音等雕件

花件按等体积的戒面计算。观音佛像等相应价格高一些，考虑溢价因素。

3. 手镯

将手镯分成十等份，每一份为 10% 即相当于一个戒面。根据绿色部分所占的份数，不够 1 按 1 计算、大于 1 时按平方计算出绿色部分体积。

匀度的计算，基数是 1，即 1 加百分比。

4. 珠链

要考虑搭配系数，即一个珠子体积为一，两个珠子为两个半，四个珠子为六，八个珠子为十五，十六个珠子为三十二，三十个珠子为七十，六十个珠子为一百六等。当珠子大小不匀时取平均数进行计算。

修正值：当老坑种体积为两个标准戒面以内时，实际价格要高于评估价格，当体积大于三个标准戒面时实际价格要略低于评估价格。如下图。

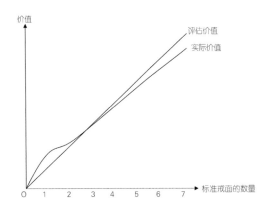

第四节 翡翠的裂净分级

一、翡翠的裂纹分级

裂纹包括裂隙及愈合裂隙，影响因素有裂纹的大小、裂纹的多少、裂纹的位置及裂纹的类型。

愈合裂隙小则按净度处理，大及多者等效于裂隙。

（行内有一裂折半之说、对于手镯危害更大）

裂净评估主要考虑耐久程度。翡翠中的裂纹和晶隙决定其耐久性。当翡翠中无明显裂隙时，耐久性取决于"晶隙"的多少和大小，晶隙多少及大小与质地有关。质地越细晶隙越少且细小，质地越粗晶隙越多而粗大。所以在观察不到绺裂的情况下裂纹的评估跟随质地的情况，评估分数一般是在质地的分数上加 5% ~ 10%，质地越好加分越少，根据质地酌情增减，如玻璃种此项不加分，冰种加 5%，冰种以下至化地的质地加分为 10% 左右，豆种加分大约为 15%。

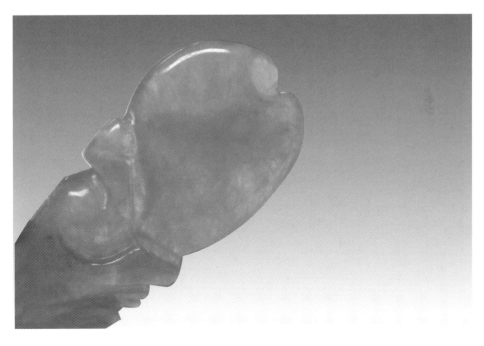

具体分数可参照下表：

表 8 翡翠的裂纹分级

	玻璃	无任何绺裂玻璃地	100~95
	玻璃	有部分瑕疵玻璃地	95~90
	冰地	无瑕无绺裂的冰地	90~85
	冰地	有较多的瑕疵冰地	85~80
	冰豆	有瑕无绺裂的冰豆	80~75
	化地	有瑕有绺裂的化地	75~70
	化豆	有瑕有绺裂的豆化	70~65
	细豆	有瑕有绺裂的豆地	65~60
	粗豆	有瑕有绺裂的豆地	60~55
	粉底	有小的裂隙且可见	55~40

二、翡翠的净度分级

净度即纯净度，指肉眼可见的瑕疵程度。瑕疵可理解为影响翡翠主体均一性的成分及结构。翡翠中常见的瑕疵有各种矿物包体（包括黑色、白色、无色、深绿及褐色的其他矿物）、丝脉状铁质侵染物等。有时称之为"花"。净度评价主要依据肉眼观察翡翠瑕疵的大小、位置、颜色、数量、对比度等几个方面。

① 花的大小

花的大小是影响净度的重要因素，瑕疵体积越大净度等级越低。

② 花的位置

同样大小的花在翡翠的不同位置影响不同，居中位置影响最大。

③ 花的颜色及对比度

相同大小及位置情况下，黑色的花比白色的级别低，清晰的花比不清晰的级别低。

④ 花的数量

花的数量越多影响越大，净度级别越低。

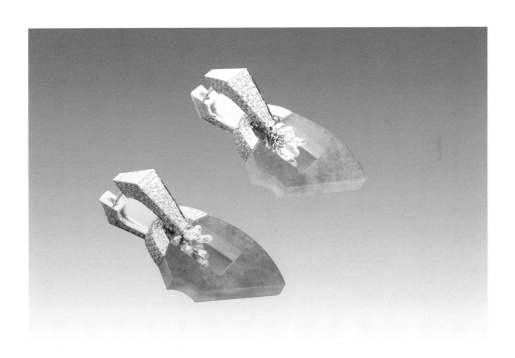

表 9 翡翠的净度分级

	Lc 纯净无瑕	肉眼观察无任何的瑕疵	100~95
	VVS1 微 花	肉眼观察极难见到瑕疵	95~90
	VVS2 微小花	肉眼观察难以见到瑕疵	90~85
	VS1 小 花	有小花且不多反差不大	85~80
	VS2 中小花	有小花较多或部分中花	80~75
	SI1 中 花	有小花特多或较多中花	75~70
	SI2 稍大花	有稍大花不多反差不大	70~65
	P 1 大 花	有大花不多且反差不大	65~60
	P2 大、多花	大花或多花且反差不大	60~55
	P3 特大花	特大或者特多且有黑花	55~40

第五节 翡翠的评估原则

一、翡翠的评估方法

① 完美法

取一个完美戒面做标准，根据其完美程度进行评估。

② 类比法

行内常用的方法，同类品质的翡翠在市场上进行对比从而确定价格。

③ 叠加法

种与色的叠加 (颜色为满色 + 种质)，叠加计算最终价格。

花与底的叠加（不均匀的颜色 + 地子），各项的价格叠加。

二、翡翠的评估依据

① 美丽

美丽是珠宝玉石价值的首要条件。作为珠宝的一种翡翠，它的价值首先要考虑它的美丽程度。即颜色、透明度、光泽、净度及特殊的光学效应等。

② 耐久

作为宝石要有一定的耐久性，即具有一定的硬度、韧性和物理化学稳定性。翡翠的硬度在玉石当中较大，韧性又是极高和有一定的耐腐蚀性。这些性质与翡翠的质地紧密相关。

③ 稀少

珠宝玉石以产出稀少而名贵。翡翠的稀有性包括产地的稀少（只有缅甸可产宝石级的翡翠）、翡翠各个品种产出的稀少，如老坑种、玻璃种等种质决定了翡翠的价值高低。特殊成品产生的稀少，如光货翡翠取料的难度，具有优秀艺术性的作品产生的偶然性，都影响翡翠的价值。

④ 传统

珠宝的理念中既有自然界赋予人类的精华还有人类的智慧，它是人类文明与自然力量的完美结合。不同的民族不同的文化底蕴，从而具有不同的珠宝理念，有特殊的能代表本民族文明的珠宝玉石。中华民族是一个爱玉的民族，有着其独特的爱玉识玉和赏玉的文化传统。

⑤ 收藏

作为天然珠宝玉石应该有一定的收藏价值。

三、影响翡翠价值的因素

① 政治

政治因素体现在国家的体制、社会制度、法律法规等。

主要包括国家安定程度、社会稳定程度及社会保障程度。如就业、医疗、教育、养老、税收等。

② 经济

经济因素体现在经济条件和经济环境等。

主要包括工资水平、工资结构、住房条件、食品价格等。

③ 文化

文化因素主要体现在传统观念及文明程度等。

主要包括文化程度、习俗、价值观、生活方式等。

④ 地域

地域因素主要体现在地域差异和地域环境。

主要包括不同地域人的思想观念的差异、生活水平及习惯的差异。地域环境对人的影响等。

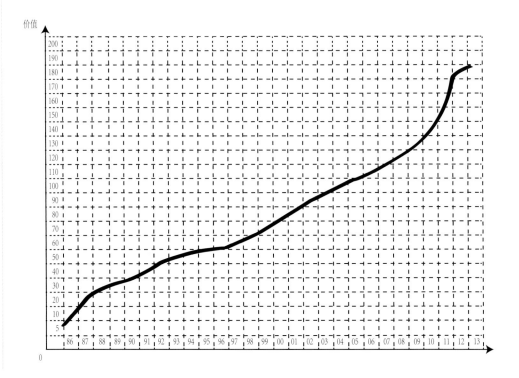

第六节 戒面、雕件评估

一、老坑种系列

行内对老坑种的要求是：颜色要均匀，肉眼在反光下观察，可见颜色是均匀的，浓正要在 70% 以上，质地是化地及化地以上。

例一：佳士得翡翠戒指

分析：

颜色是极浓的高翠，颜色非常纯正感觉稍微有点蓝色色调，整体较鲜艳亮丽，颜色分布很均匀几乎满色，质地为冰地，切工近于完美，不见任何绺和裂，几乎没有瑕疵。

估价（完美法）：

年价，及浓、正、阳、匀、种、质、工、体、裂、净各项的评估分数为

110, 95, 90, 90, 90, 80, 80, 95, 4.186, 4.186, 85, 90

评估价值：

2006 年基础价格 × 浓度百分数 × 纯正度百分数 × 鲜阳度百分数 × 均匀度百分数 × 种水百分数 × 质地百分数 × 切工百分数 × 体积大小 × 绺裂百分数 × 净度百分数。即：

110 万港元 ×0.95×0.90×0.90×0.90×0.80×0.80×0.95×4.186×4.186×0.85×0.90=620 万港元

（老坑种翡翠当体积大于一个标准戒面时要按平方计算。即体积 =（28.3×23×10.6÷1648）²=4.186×4.18）

评估市场价值大约为 620 万港元。

2006年香港佳士得拍卖会3014号拍品，成交价628万港元，翡翠蛋面尺寸约为28.3×23×10.6 mm。

例二 佳士得翡翠双蛋面戒指

成交价：962 万港元。

蛋面尺寸：23.9×20×13.5 毫米。这枚双蛋面浑厚饱满，但却仍有着极佳的透明度，均匀深邃的碧绿色泽与纯净玉质呈现完美无瑕之感。

分析：

浓度为翠绿色，稍感极淡的蓝色色调，非常鲜艳，颜色基本上很均匀，质地为冰地，切工非常完美，无绺裂，有极少的小花且难见到。

估价（完美法）：

年价，及浓、正、阳、匀、种、质、工、体、裂、净各项的评估分数为

180, 90, 90, 90, 85, 80, 80, 95, 15.3, 85, 85

评估价值：

180 万元 ×0.90×0.90×0.90×0.85×0.80×0.80×0.95×15.3×0.85×0.85=749.6 万元人民币

（其中 15.3=（23.9×20×13.5÷1648）^{2}）

兑换成港币（80:100），评估价值为 937 万港元

例三：翡翠蛋面戒指

分析：

浓度为翠绿色，颜色非常纯正，无任何其它色调，绒光四射，满戒面都有绿色荧光，整体为满绿色，没有任何瑕疵，切工非常完美，质地为玻璃地。

年价，及浓、正、阳、匀、种、质、工、体、裂、净各项的评估分数为

180, 90, 95, 200, 95, 95, 95, 95, 1.12, 95, 95
(起绒光 鲜阳度为200)。

体积为 $[(18.5×15.2×6.2)/1648]^2=1.12$

（戒面为老坑种且体积大于一个标准戒面，评估体积为常规计算值的平方，因体积在两个标准戒面之内，计算时实际价格应比标准戒面价格略高出约20%~30%）。

佳士得：翡翠蛋面戒指
质地细腻，色泽饱满通透，翠色欲滴。绒光充足。
成交价：458万
尺寸：18.5X15.2X6.2mm

评估价值：

180 万元人民币 ×0.90×0.95×2.00×0.95×0.95×0.95×0.95×1.12×0.95×0.95×（1 + 20%~1 + 30%）= 300 万元人民币 ~ 330 万元人民币。

折合成港币（100:80）。

翡翠戒指的最终评估价格约为 380 万港币 ~ 450 万港币左右。

例四：翡翠双环耳坠

分析：

翠绿色，颜色是极其纯正的绿色，无任何其它颜色色调。非常亮丽不含灰色。颜色非常均匀，偶有非常细小的棉，质地为高冰。

年价，及浓、正、阳、匀、种、质、工、体、裂、净各项的评估分数为

180，90，95，95，90，85，85，90，4.66，90，90

体积为 $[(34.1 \times 11 \times 6)/1648]^2 \times 2.5 = 4.66$

由于此耳坠是老坑种且体积计算值大于一个标准戒面，评估体积以平方计算，成对饰品考虑搭配，溢价数量记为两个半。

评估价值：

180 万元人民币 $\times 0.90 \times 0.95 \times 0.95 \times 0.90 \times 0.85 \times 0.85 \times 0.90 \times 4.66 \times 0.90 \times 0.90 = 323$ 万元人民币。

折合成港币（80:100）。评估价为 400 万港元。

佳士得：翡翠双环耳坠
尺寸：34.1X11X6 mm

例五：翡翠叶子

分析：

绿色很浓，稍有很少的黄色色调，鲜艳较明亮。颜色很均匀有少许瑕疵，质地为冰到冰豆，雕工一般，不见绺裂。

年价，及浓、正、阳、匀、种、质、工、体、裂、净各项的评估分数为：180，90，90，85，85，75，75，75，3.4，80，75。

评估价值：

180 万元 $\times 0.90 \times 0.90 \times 0.85 \times 0.85 \times 0.75 \times 0.75 \times 0.75 \times 3.4 \times 0.80 \times 0.75 = 90$ 万元人民币。

尺寸：32X19X5 mm

思考题1：

如图：老坑种翡翠《福瓜》

评估其市场价值。

尺寸：59X23X9.5 mm

思考题2：

如图：冰地满绿《如意》

评估其市场价值。

尺寸：35X21X5 mm

思考题3：

　　如图：老坑种《金枝玉叶》
评估其市场价值。

尺寸：34X24X6 mm

思考题4：

　　如图：老坑种《玉露兰香》
评估其市场价值。

尺寸：29X13.5X4 mm

二、飘绿花系列

例六：花青翡翠《如意》

分析：

黄阳绿，绿色中略偏黄，较鲜艳微有灰色调，豆化地，大约0.7~0.8分水，造型饱满雕工一般。部分中花且反差不明显。无绺裂。

年价，及浓、正、阳、匀、种、质、工、体、裂、净各项的评估分数为：

180万元人民币，70，70，70，30，45，45，70，2，55，70。

（另有同学提出不同的答案为：180，70，70，70，25，45，45，70，2，60，70。颜色的均匀度少，为25。质地中豆的部分少化开的部分多，所以耐久程度增加故绺裂为60。仅供参考）

体积＝$27mm \times 21mm \times 5.8mm \div 1648mm^3 = 2$个标准戒面

评估价值：

180万元 $\times 0.70 \times 0.70 \times 0.70 \times 0.30 \times 0.45 \times 0.45 \times 0.70 \times 2 \times 0.55 \times 0.70 = 2$万元人民币

尺寸：27X21X5.8 mm

例七：冰地漂绿化《如意》

分析：

质地为冰地，颗粒细小，绿色部分浓度较浓，略带些许蓝色调的感觉，但无明显蓝色。颜色鲜艳亮丽，造型饱满厚重，寓意吉祥，线条流畅，雕琢较少且颇具立体感，工艺精良，体积硕大，无裂纹，冰地存在一定晶隙，有少许白色包体，质地较纯净。

年价，及浓、正、阳、匀、种、质、工、体、裂、净各项的评估分数为：

180万元，80，70，80，30，80，80，80，6.99，85，90

浓、正、阳各项分数仅对其中绿色部分评价，匀度大约30% ~（绿色部分在整体中所占的比例）

尺寸：45X32X8mm

体积＝ 45mm × 32mm × 8mm ÷ 1648mm^3 ＝ 6.99 个标准戒面

评估价值：

180 万元 × 0.80 × 0.70 × 0.80 × 0.30 × 0.80 × 0.80 × 0.80 × 6.99 × 0.85 × 0.90 ＝ 66 万元人民币。

思考题5：

如图：冰豆地飘花《葫芦》
评估其市场价值。

尺寸：28X16X7 mm

思考题6：

如图：豆化地花青《如意》
评估其市场价值。

尺寸：45X36X13 mm

第七节 手镯的评估

例八：豆化地花青手镯

分析：

手镯质地为豆化地，其上带有大约为 10% 的黄杨绿的颜色，椭圆型稍粗，有部分中小花，无绺裂。

当样品为手镯时，种水和质地两项在正常评价分数上各加 20%，即豆化地为 45% ＋ 20% ＝ 65%。

均匀度是在 1 的基础上加绿色面积的百分数，即 1 ＋ 10% ＝ 1.1。

体积是把一个手镯等分成十个戒面，每个戒面为 10%。绿色所占的戒面数。当绿色体积在一个戒面之内按 1 计算，当绿色体积大于一个戒面时按平方数计算。

年价，及浓、正、阳、匀、种、质、工、体、裂、净各项的评估分数为：

180 万元，70，70，70，1.1，65，65，75，1，60，70。

评估价值：

180 万元 ×0.70×0.70×0.70×1.1×0.65×0.65×0.75×1×0.60×0.70 ＝ 9 万元人民币。

例九：冰豆地花青手镯

分析：

冰豆地手镯漂一团浓阳绿的绿花，绿花大约占手镯的 10% 左右，有部分细小且较多的白棉。手镯为稍粗的扁圆，形态完美光泽很强。

年价，及浓、正、阳、匀、种、质、工、体、裂、净各项的评估分数为：

180 万，75，75，75，1.1，90，90，75，1，80，70

评估价值：

180 万元 ×0.75×0.75×0.75×1.10×0.90×0.90×0.75×1×0.80×0.70 ＝ 28 万元人民币。

思考题7：

如图：豆化地花青手镯

评估其市场价值。

例十：满绿手镯

分析：

根据图片可见质地为冰到冰豆，双圆手镯雕形完美，颜色为翠绿色，绿色部分占整体的70%到75%左右，部分为灰黑色杂质。

年价，及浓、正、阳、匀、种、质、工、体、裂、净各项的评估分数为：

答案1：

180，90，90，90，1.70，95，95，1，49，80，65

答案2：

180，90，90，90，1.75，95，95，1，56，80，65

评估价值：

180万元×0.90×0.90×0.90×（1.70～1.75）×0.95×0.95×1×（49 ～ 56）×0.80×0.65 ＝ 5000万元～6000万元。

第八节 珠链的评估

例十一：

佳士得：
1988年 拍卖为 1700 万港元，1994年
拍卖为 3302 万港元，
直径15.4~19.2 mm

分析：

颜色为黄阳绿感觉鲜艳，绿色里有些稍黄、有些偏黄，鲜艳没有陈旧感，颜色均匀但部分色淡，质地属于冰与冰豆之间，珠子很圆且较匀，部分有小花。

年价，及浓、正、阳、匀、种、质、工、体、裂、净各项的评估分数为：

Q，70，70，75，80，75，75，90，675，80，75

其中（Q 为每年的标准价格）

体积 $\{[(15.4 + 19.2) \div 2 \div 11.8]^3\}^2 \times 68 = 9.925 \times 68 = 675$

（15.4 + 19.2）÷2 为珠子的平均直径，（标准珠子直径为 11.8mm），

（15.4 + 19.2）÷2÷11.8 为与标准珠子的直径比，

$[(15.4 + 19.2) \div 2 \div 11.8]^3$ 为与标准珠子的体积比，

若体积比 >1 时，且为老坑种时还需再平方，

即：$\{[(15.4 + 19.2) \div 2 \div 11.8]^3\}^2 = 3.15^2 = 9.925$。

27 粒珠子的搭配系数约 68，即相当于 68 粒珠子。

最终相当于 $9.925 \times 68 = 675$ 个标准珠子。

1988 评估价值：

28 万元 $\times 0.70 \times 0.70 \times 0.75 \times 0.80 \times 0.75 \times 0.75 \times 0.90 \times 675 \times 0.80 \times 0.75 = 1688$ 万元

1994 评估价值：

55 万元 $\times 0.70 \times 0.70 \times 0.75 \times 0.80 \times 0.75 \times 0.75 \times 0.90 \times 675 \times 0.80 \times 0.75 = 3310$ 万元

例十二：

分析：

翠绿色乌砂种翡翠，颜色感觉稍微有点蓝色色调，尚鲜艳比较亮丽，内有少许棉絮，质地较匀无颗粒感是上乘的糯化地。

年价，及浓、正、阳、匀、种、质、工、体、裂、净各项的评估分数为：

70,90,80,80,75,65,65,90,344,75,75,

单个珠子的体积为 $\{[(14.78+16.22)\div 2 \div 11.8]^3\}^2 = 5.06$ 个标准珠子。

搭配系数68。总评估体积为 $5.06 \times 68 = 344$ 个标准珠子。

评估价值：

70 万元 $\times 0.90 \times 0.80 \times 0.80 \times 0.75 \times 0.65 \times 0.65 \times 0.90 \times 344 \times 0.75 \times 0.75 = 2200$ 万元。

佳士得 1999年11月，
拍卖成交价为2202 万港元
直径14.78~16.22 mm

例十三：

分析：

质地为冰地，色调纯正亮丽，浓度极佳属于高翠。27颗珠子同质同色，大小均匀。基本不见瑕疵。

年价，及浓、正、阳、匀、种、质、工、体、裂、净各项的评估分数为：

① 60 万元，95，90，90，90，85，85，95，363，85，80

② 60 万元，95，90，90，95，80，80，95，363，85，90

一粒珠子的体积为 $[(15.6 \div 11.8)^3]^2 = 5.34$，搭配系数68，评估总体积为 $5.34 \times 68 = 363$ 个标准珠子。

① 评估价值：

60 万元 $\times 0.95 \times 0.90 \times 0.90 \times 0.90 \times 0.85 \times 0.85 \times 0.95 \times 363 \times 0.85 \times 0.80 = 7040$ 万元

② 评估价值：

60 万元 $\times 0.95 \times 0.90 \times 0.90 \times 0.95 \times 0.80 \times 0.80 \times 0.95 \times 363 \times 0.85 \times 0.90 = 7400$ 万元

评估价值为 7000 万元 ~7400 万元

1997年11月6日香港佳士得公司秋季拍卖，平均直径为15.6毫米的，27颗翡翠玉珠链，成交价7262万港元。

例十四：

苏富比：翡翠项链

2004年苏工比秋季拍卖会 1040号拍品，成交价2246. 24 万港元，由1~6粒总重为343.47克拉翡翠蛋形戒面和总重为21.96克拉的钻石镶嵌而成。 翡翠为老坑玻璃种，颜色：浓、阳、匀、正，翠水欲滴。

分析：

玻璃地老坑种，透明度极佳，浓艳的绿色，十六棵戒面同质同色，不见任何瑕疵，切工非常完美。

年价，及浓、正、阳、匀、种、质、工、体、裂、净各项的评估分数为：

98 万，85，85，90，90，95，95，90，54，95，90

其中：

16 棵戒面的总体积为：

343.47 克拉 ÷5 克拉 / 克＝68.694 克

68.694 克 ÷3.34 克 / 厘米^3＝20.567 厘米^3

20.567 厘米^3×1000 ＝20567 毫米^3

平均每颗戒面的体积为：

20567 毫米^3÷16 ＝1285.44 毫米^3

平均每颗戒面所用料的体积为：

1285.44 毫米^3÷0.60 ＝2142.4 毫米^3（其中 0.60 为出成率）

平均每颗戒面相当于标准戒面为：

2142.4 毫米^3÷1648 毫米^3＝1.30 个标准戒面

因为是老坑种且大于一个标准戒面即

1.30 × 1.30 ＝1.69 个标准戒面

评估的总体积为：

1.69 个标准戒面 ×32 ＝54 个标准戒面（32 为搭配系数）

评估价值：

98 万元 ×0.85 ×0.85 ×0.90 ×0.90 ×0.95 ×9.95 ×0.90 ×54 ×0.95 ×0.90 ＝2150 万元

总价值为翡翠价值 2150 万港元加钻石价值 100 万港元（钻石价值的评估在钻石教程中陈述）。

第九节　评估的补充及其它品种

一、特殊情况的说明

翡翠的变化非常大，要注重其特殊性，有些项目可能超越百分之百。如鲜阳度上的高光、灵动、飘光、辉光、荧光、质感等。

二、冰种翡翠

冰种翡翠的评估要考虑品种如高冰、亮冰、靓冰、白冰、辉冰、灰冰、死冰等的区分还要注重于光泽、颜色、均匀及灵动程度的区别。

三、墨翠及其它黑色翡翠

在黑色翡翠中墨翠的价值最高，颜色越黑越好，结构越细腻紧致、光泽越强越好，其次是透光显绿色及蓝绿色的色调及浓度。

四、蓝色及漂蓝花翡翠

飘蓝花系列如果蓝绿色则按漂绿花来评估。

如果无绿色的蓝花则要看地子来评估，其次蓝花的形态及分布搭配好的加值，过多或形态不好的减值。

五、紫罗兰翡翠

紫罗兰的紫色按底障色来进行评估。

六、红、黄翡翠

红色及黄色也是按照底障色来加以评估，红色的价值高于同种质地的黄色。

七、豆种及油青翡翠

按无色来进行评估

八、叠加原理的运用

1. 三角形原理（见右页图）

此坐标系中横坐标表示颜色，纵坐标表示质地，颜色从无色到高翠共分十个级别，用 1—10 表示；质地由粗到细在坐标上标示为 1—18（理想状态下标准尺寸的完美翡翠年价为 $10 \times 18 = 180$ 万元）。

直线 A 将图像平分为两个相等的三角形，此直线表示普通翡翠价格（即各项评分一般）在此价格体系中的定位为完美状态下的一半。

弧线 B 为外弧线，表示在具体价格计算中普通翡翠在完美价格减半之后由于各种可增加美丽程度的因素叠加而产生的加分效果。

弧线 C 为内弧线，表示翡翠在价格三角中由于各项影响其美丽程度的因素而减分。

弧线 B、C 为可变项，弧线弯曲的程度由考虑各种利弊因素对翡翠美丽程度的影响后的综合效果决定。

注意在具体计算中因翡翠实际不可能达到完美，故通常将种质与颜色乘出的价格先除二，即减半原则，再根据其各项因素对美丽程度的影响情况进行加减分的处理，即美感评价。

补充说明：

质地越好，往往瑕疵越少，耐久性越好，其价值越高。质地越差，往往瑕疵越多，耐久性越差，其价值越低。尤其是色淡或无色质地的优劣对其价值影响更大，并非像图表上的成正比。如玻璃种无色标准戒面市场价值为 9 万元，而冰种的考虑到以上各种因素后一般为 4 万元，冰豆种就一般为 1 万元，糯化种的标准戒面一般为 2 千元，而细豆的为 500 元，粗豆的标准戒面仅大约为 200 元。即相当于折半再折半。

玻璃的无色为 9 万元，

冰地的无色是 9 万元折半为 4 万元，

冰豆地无色是 4 万元折半折半为 1 万元，

糯化地无色是 1 万折半折半 2 千，

细豆地（豆化地）是 2 千折半折半为 5 百，

粗豆地是 5 百折半为 2 百。

例如：玻璃种满荧光戒面（2012 年价值）

种质 ——玻璃种、无色

$18 \times 1/2$⋯⋯⋯⋯三角定律（减半原则）

美感评价 ——内含物较少，仅有微小棉絮，对整体美观影响不大，净度较高，内弧线略减分；光身造型，规则标准，抛光良好，外弧线工艺加分，加减分程度接近，综合为零，即内、外弧线加减为零（9+0）。

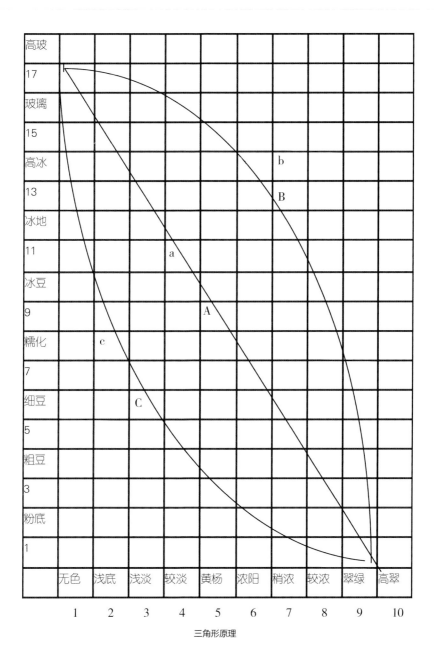

三角形原理

特殊光学效应——起荧光，满荧 9×2……。荧光效应（完美荧光）即荧光明亮且均匀满布。

注意：完美光学效应的样品评估时应为其估价的两倍（完美光学效应包括强度、面积、均匀度几方面皆达到理想状态）。即标准戒面满荧光的无色完美戒面为18万元。

例十五：

规格：19×17×6 mm

如图 . 玻璃种满荧光戒面

分析：此为玻璃种高光满荧光戒面，雕工完美。

① 三角法（减半原则）：

$1×18÷2＝9$

其中 1 为横坐标的无色，18 为纵坐标的高玻，2 为折半。

② 完美度：

$9－1＝8$……内弧线（内部有微小杂质，无其它缺陷。）

③：特殊光学效应：

$8×2＝16$……荧光效应（满荧光）

④ 评估价值：

$16×1.176＝18.8$ 万元

（基础单价乘以体积，1.176 为体积，即 $19×17×6÷1648$）

例十六：

规格：40×45×15 mm

如图，玻璃种《佛》

分析：

此佛为玻璃种，光泽很强，部分荧光，部分细棉，切工较完美。

① 三角法：

$1 \times 18 \div 2 = 9$

② 完美度：

$9 - 2 = 7$ ……内弧线（部分细棉，切工较完美）

③：特殊光学效应：

$7 \times 1.5 = 10.5$ ……部分荧光

④ 评估价值：

$10.5 \times 16.38 = 170$ 万

（体积为 $40 \times 45 \times 15 \div 1648 = 16.38$ 个标准戒面）

思考题8：

如图《佛》，评估其价值。

规格：36×30×12 mm

2. 鲜阳度对评估的影响

鲜阳度图示：

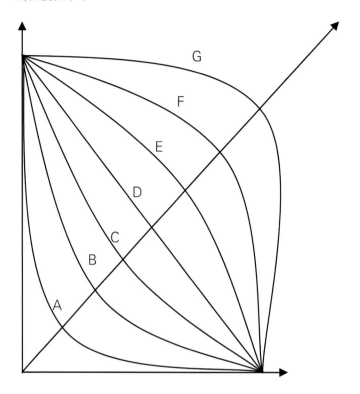

A：暗灰 B：灰色 C：稍灰 D：白色 E：底色 F：高光、漂光 G：起莹、起绒

此图像表示鲜阳度对翡翠价格的影响，此处鲜阳度应理解为一种不考虑种质及颜色情况下的美丽程度，仅指对美丽程度产生影响的附加效果。

D线为中值线，表示无色且无任何特殊效果的翡翠，可为任何种质，对价值不产生增减影响。

A、B、C线为内弧线，表示灰暗色调对翡翠价值产生的负面影响，弧度随色调加深而加大，代表价值降低幅度的增大。

E、F、G线为外弧线，表示各种明亮色调的底色、特殊的光学效应及质感在不同程度上增加翡翠的价值。

例十七：玉品兰亭《冰种叶子》

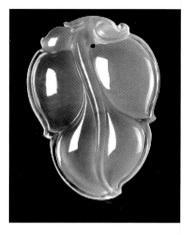

尺寸：28X21X7 mm

分析：

冰种，质地较匀，雕工饱满

① 三角法

$1 \times 12 \div 2 = 6$

② 完美度

$6 - 2 = 4$　内弧线（内部有极少瑕疵，雕工较精美，形态饱满，因不是戒面，观音等素身雕形，所以工艺上不可能满分，即雕形减 20%，极少细棉减 10%。$6 \times 10\% + 6 \times 20\% = 2$ ）

③ 特殊光学效应

$4 + 0$　无特殊效应

④ 评估价值

$4 \times 2.5 = 10$ 万

（体积 $= 28 \times 21 \times 7 \div 1648 = 2.5$ 个标准戒面）

思考题9：

评估其价值。

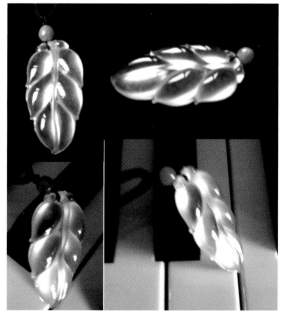

尺寸：32X18X4 mm

手镯的评估

无绿色单个戒面翡翠与手镯的关系：

一个手镯：

相当于 3^2~4^2 即 9~16 个左右的粗豆戒面，

相当于 4^2~5^2 即 20 个左右的细豆戒面，

相当于 5^2 即 25 个左右的糯化戒面，

相当于 5^2~6^2 即 30 个左右的冰豆戒面，

相当于 6^2~7^2 即 40 个左右冰种戒面，

相当于 7^2 即 50 个左右的高冰戒面，

相当于 8^2 即 60 个左右的玻璃种戒面。

如：一个完美的满荧光的玻璃种手镯相当于 60 个玻璃种满荧光完美的玻璃种戒面，其价值约为：18 万元 $\times 60 = 1000$ 万元。（这是理想状态）

例十八：糯化地无色手镯

分析：

双圆糯化种部分为冰豆种手镯，内有部分棉絮，透明度好，感觉较晶莹剔透。手镯稍细颜色不够白。

① 三角法

$1 \times 8 \div 2 = 4$

② 完美度

$4 - 3.4 = 0.6$

（大花、多花，减 $4 \times 50\%$。手镯较细，减 $4 \times 25\%$。有点淡灰色，减 $4 \times 20\%$。透明度好，加 $4 \times 10\%$。即 $- 4 \times 50\% - 4 \times 25\% - 4 \times 20\% + 4 \times 10\% = -3.4$）

③ 特殊光学效应

$0.6 + 0 = 0.6$（无特殊光学效应）

④ 评估价值

0.6 万元 $\times 28 = 16.8$ 万元

（冰豆糯化地手镯相当于 28 个同质量的戒面）

例十九：冰种手镯

分析：

质地为冰地,较宽的扁圆条形手镯,但厚度较薄。有淡淡的蓝色色调。明亮晶莹,光泽很好其上漂着部分月光效应。内部有少许的冰花和白棉。

① 三角法

　　$1 \times 12 \div 2 = 6$

② 完美度

　　$6 - 2 = 4$

　　（部分瑕疵,减 20%。较薄,减 30%。较宽,加 15%。即：

　　$-6 \times 20\% - 6 \times 30\% + 6 \times 15\% \approx 2$）

③ 特殊光学效应

　　$4 \times 1.5 = 6$

　　（部分漂光效应）

④ 评估价值

　　6 万元 $\times 40 = 240$ 万元

　　（冰地手镯相当于 40 个同质量的戒面）

思考题10：

评估下图手镯的价值。

例二十：佳士得《翡翠双蛋面戒指》

使用叠加法评估其价值

分析：

浓度为翠绿色，稍感极淡的蓝色色调，非常鲜艳，颜色基本上很均匀，质地为冰地，切工非常完美，无绺裂，有极少的小花且难见到。

① 三角法

$9 \times 12 \div 2 = 54$

（9 为翠绿色，12 为冰地，2 为折半）

② 完美度

$54 - 5.4 = 48.6$

（微暇减 10% 即 $54 \times 10\% = 5.4$）

③ 特殊光学效应

$48.6 + 0 = 48.6$　无特殊光学效应

④ 评估价值

48.6 万元 $\times 15.4 \approx 750$ 万元

[体积为 $15.4 = (23.9 \times 20 \times 13.5 \div 1648)^2$]

折合成港币（80：100）

评估价值约为 940 万港币

成交价：962 万港元
蛋面尺寸：23.9×20×13.5 mm。
这枚双蛋面浑厚饱满，但却仍有着极佳的透明度，均匀深邃的碧绿色泽与纯净玉质呈现完美无瑕之感。

例二十一：花青翡翠《如意》

分析：

豆化地，黄阳绿如意，绿色中略偏黄，较鲜艳微有灰色调，造型饱满，雕工一般。部分中花较多但反差不明显。不见绺裂。颜色占整体约 30%。

① 三角法

$5 \times 6 \div 2 = 15$

（黄杨绿为 5，豆化地为 6）

② 完美度

$15 - 4 = 11$

[雕工为如意，减 30%。雕工饱满，加 15%。多花且反差不大，减 12%。即 $15 \times (-30\% +$

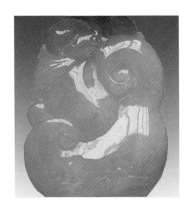

尺寸：27×21×5.8 mm

15% − 12%) ≈ 4]

③ 单个戒面

$11 \times 30\% \times 30\% = 0.99$

（第一个 30% 为颜色的面积的多少，第二个 30% 是颜色不匀也为百分之三十即是当原来 30% 面积的绿色分散开后其颜色的多少也就是浓度变为原来的 30%。

也就是把这个翡翠等效成整体颜色均匀的绿色，其浓度降低至原来的 30%）

④ 评估价值

0.99 万元 $\times 2 \approx 2$ 万元

（体积为 $27 \times 21 \times 5.8 \div 1648 = 2$）

思考题11：

评估图中翡翠的价值。

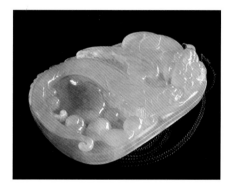

尺寸：56X38X11 mm

例二十二：古古翡翠《如意》

分析：

淡蓝色的蓝冰种翡翠，颜色基本较匀，内有极小瑕疵，雕工饱满圆润。

① 三角法

$2 \times 12 \div 2 = 12$（2 浅底，12 冰地，2 折半）

② 完美度

$12 − 6 = 6$（颜色不匀 30%，微暇 20%，即 $12 \times 30\% + 12 \times 20\% = 6$）

③ 特殊光学效应

$6 + 0 = 6$（无特殊光学效应）

④ 评估价值

6 万元 $\times 8.24 = 50$ 万元

（$8.24 = 51.2 \times 29.8 \times 8.9 \div 1648$）

尺寸：51.2X29.8X8.9 mm

思考题12：

冰豆地淡蓝绿色《玉兰花》

评估其价值。

尺寸：31X20X8 mm

雾锁重峦烟绕树，绪风犹寒，柔柳轻枝舞。杜宇啼声朝复暮，流莺空啭光阴度。脉脉依依，缱绻此情谁诉。

例二十三：明空美玉 红翡《佛》

分析：

颜色非常均匀的红翡，雕工为佛且较完美，质地为豆化，极少瑕疵。

① 三角法

$3 \times 6 \div 2 = 9$（3浅淡，6豆化地，2折半）

② 完美度

$9 - 1.8 = 7.2$（雕工10%，微暇10%）

③ 特殊光学效应

$7.2 + 0 = 7.2$

④ 评估价值

7.2万元 $\times 2.8 = 20$万元

尺寸：28X36.5X4.5 mm

例二十四：冰豆地黄翡

分析：

质地为冰豆，黄翡的颜色约占整体的50%且由浅到深。感觉较晶莹剔透，雕型为一般的花件，刀工较细腻，形态较好。无绺无裂，有极细小的微暇。

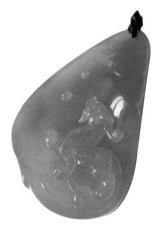

尺寸：30X23X7mm

① 三角法

$2 \times 10 \div 2 = 10$（浅底冰豆地）

② 完美度

$10 - 4 = 7$（雕工 20%，微暇 10%）

$7 \times 50\% \times 50\% = 1.75$（颜色的面积为 50%，颜色不匀为 50%）

③ 特殊光学效应

$1.75 + 0 = 1.75$（无特殊光学效应）

④ 评估价值

1.75 万元 $\times 2.9 = 5$ 万元

思考题13：

如图黄翡雕件

评估其市场价值。

尺寸：36X27X12 mm

附注：简易评估方法

此方法简单，可以快速对翡翠加以评估，但是误差却也较大，一般初学者不太适合此方法。它对样品要有一个高度的概括，也就是对样品的浓、正、阳、匀、种、质、工、体、裂、净总得评价。

(1)：颜色均匀翡翠的评估

例二十五

分析：

高翠加冰地一般完美的标准戒面约为：

60 万元（即 $10 \times 12 \div 2$）。

体积为 $28.3 \times 23 \times 10.6 \div 1648 = 17.5$。

评估价值为：

2012 年：60 万元 $\times 17.5 = 1050$ 万元

2006 年：$1050 \div 180 \times 110 = 640$ 万元

2006年香港佳士得拍卖会3014号拍品，成交价628万港元，翡翠蛋面尺寸约为28.3×23×10.6 mm。

例二十六：佳士得《翡翠双蛋面戒指》

评估价值

50 万元 ×15.3 = 765 万元

折合成港币为 956 万

成交价：962万港元

蛋面尺寸：23.9X20X13.5 mm。这枚双蛋面浑厚饱满，但却仍有着极佳的透明度，均匀深邃的碧绿色泽与纯净玉质呈现完美无瑕之感。

例二十七：满绿手镯

分析：

根据图片可见质地为冰到冰豆，双圆手镯雕形完美，颜色为翠绿色，绿色部分占整体的 70% 到 75% 左右，部分为灰黑色杂质。

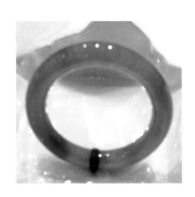

评估价值：

60 万元 ×1.7×49 ≈ 5000 万元

60 万元 ×1.75×56 ≈ 6000 万元

可见颜色的多少对于翡翠手镯来说非常重要。颜色的多少不但增加了美丽程度，而且绿色多了也会增加其耐久程度（绿色的种质往往很好，也就是绿色的增加可以改变其种质即"龙到处有水"），并且它也非常稀少。符合了"美丽""耐久""稀少"更具有收藏价值。

(2) 无绿色翡翠的评估

玻璃地 9 万元，冰地 4 万元，冰豆地 1 万元，糯化地 2 千元，豆化地 1 千元，细豆地 5 百元，粗豆地 2 百元。

例二十八：冰地无色叶子

评估价值：

4 万元 $\times 2 = 8$ 万元（$30 \times 22 \times 5 \div 1548 = 2$）

尺寸：30×22×5mm

例二十九：冰豆地龙牌

评估价值：

1 万元 $\times 19 = 19$ 万元（$56 \times 56 \times 10 \div 1648 = 19$）

考虑到有些棉絮减掉 20%

19 万元 $\times 80\% \approx 15$ 万元

尺寸：56×56×10mm

例三十：糯化地园牌

评估价值：

1500 元 $\times 4 \approx 6000$ 元（棉絮减 500 即 2000 − 500）

尺寸：33×33×6mm

例三十一：冰糯地带有蓝色且有些灰色

尺寸：36×24×6 mm

评估价值：

分析：质地为冰到糯化相当于冰豆每个戒面为 1 万元，蓝色应该加值可是带有较多的灰色却要减值，并且翡翠的灰色减值较多，减值 40%（蓝色太少加 0，灰色较多减 50%）。雕形一般减 30%，较饱满加值 5%.

0.25 万元 × 3 = 0.75 万元

可见油青种翡翠虽然质地很好，却也价值不高，其原因就是灰色太多，太陈旧了。如果此翡翠灰色再多，其市场价也只有几百元了。翡翠的评估美丽程度最重要。

(3) 花青种的简易评估（花与底的叠加）
例三十二：

分析：

体积为 2 个戒面，百分之 30 的绿色，绿色相当于 0.6 个豆化地黄杨绿戒面。一个标准的豆化地黄阳绿完美戒面为 30 万元，但是花青只有大约十分之一的价值，即 3 万元。

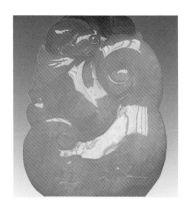

花的价值：

3 万元 × 0.6 = 1.8 万元

底的价值：

尺寸：27×21×5.8 mm

0.1 万元 ×2 ＝ 0.2 万元

去掉绿色但看地子，豆化地一个标准戒面大约为 1 千元。

评估价值：

1.8 万元＋ 0.2 万元＝ 2 万元

例三十三：糯化地大于有四分之一的黄杨绿色

（花与底的叠加）

花的价值：

5 万元 ×5.8×25% ＝ 7.25 万元

（由于颜色较集中，4 万元修改为 5 万元，体积为 $51×29×6.5× ÷1648 ＝ 5.8$ ）

底的价值：

0.2 万元 ×5.8 ＝ 1.16 万元

（较好的豆化地，每个标准戒面为 2 千元）

评估价值：

7.25 ＋ 1.16 ＝ 8.4 万元

尺寸：51×29×6.5mm

例三十四：冰豆地花青手镯

分析：

冰豆地手镯漂一团浓阳绿的绿花，绿花大约占手镯的 10% 左右，有部分细小且较多的白棉。手镯为稍粗的扁圆，形态完美光泽很强。

花的价值：

6 万元 ×1.5 ＝ 9 万元

（同等质量戒面体积的绿色在手镯上的评估计数为原价的 1.5 倍。10% 以上绿色为戒面个数的平方）

底的价值：

1 万元 ×30×65% ＝ 19.5 万元

（扁圆为 70%，部分细棉为 5%）

评估价值：

9 万元＋ 19.5 万元＝ 28.5 万元

市场比较法确定翡翠的价值

　　市场上经常使用的方法，参考其他珠宝公司类似商品的价格，从而给自己的翡翠定价。此方法在翡翠行业中普遍使用，其优点是比较容易且直观、简单。缺点是翡翠没有完全相同的，从而往往比不准，因为翡翠品质相差了一点点其价值相差甚远。

翡翠批发价与市场零售价的关系

　　一般品质越好的翡翠，零售价与批发价的差值越小。品质越差翡翠，零售价与批发价的差值越大。翡翠的批发价与翡翠的原料的大小、出成率的多少及加工成本有关。

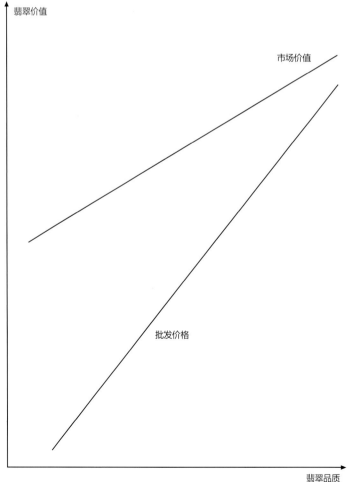

泰申珠宝：秋日浓情

红翡雕花手镯

冰豆地满色红翡，丝絮般深深浅浅的红浸润于水亮润透的基底，满布其间，错落有致，使整体呈现悦目的红调，如泼散的胭脂，牵惹出无限情思，又似秋日的枫叶，满载富饶与丰厚，点染着岁月成就的别样风华。

第一节　翡翠的原料类型

　　翡翠原石分为原生矿和次生矿两种。

　　原生矿是指新坑无皮石即所谓的山料，没有风化的外皮，玉质一般较差，业内称为新种。如度冒的八三、白底青、铁龙生等。

　　次生矿是指翡翠成矿后经过长期的地下水、山洪水、雨水及河水的风化作用，加上各种地质力的作用形成了具有风化的外壳的即带皮的的翡翠原料。根据皮的颜色可以分成白皮料、灰皮料、黄皮料、红皮料、黑皮等。

　　白皮料又称白砂皮。皮的颜色较白，可以成浅灰色，皮的砂粒可粗可细，细粒且坚硬者往往透明度较好，底也比较干净，但是内部经常绿色不多，正如俗语"水清则无鱼"。如果有绿色，经常是淡绿色且比较匀。

　　灰皮料又称石灰皮。石灰皮一般颗粒较细腻，但是质地较软，经常出糯化种翡翠，若颗粒细腻均匀且质地较硬可出透明度很好的翡翠，但绿色不会很多。

　　黄皮料又称黄砂皮。黄砂皮的皮一般很厚，最厚的可能整块料都是皮没有肉，颗粒一般较粗。有时可能有较大面积不均匀的绿色。也可能有较大的鲜艳根色。这种料的赌性最大。

　　红皮料又称铁砂皮。外皮呈红棕色、红褐色等的铁锈色，这种皮很坚硬，皮一般很薄，外形多棱角状，里面的玉质较老，种很好。可出冰种翡翠。一般无团色，若有绿色一般都为根色且非常鲜艳。

　　黑皮料又称乌砂皮。表皮呈较深的黑色，有时有暗绿色带绿色。内部底比较脏，一般行家都认为，黑砂皮的翡翠里面会有较多的深绿色的翡翠，一般是团色，颜色较浓。黑砂皮可出乌砂种翡翠。俗语"狗屎地出高翠"就是指的黑砂皮。

第二节　翡翠带皮料的次外层——雾

"雾"是只存在于外层风化壳的皮与内部翡翠的肉之间的一层雾状物质，有人认为是水浸形成，也有人认为是铁质聚集所产生。雾与肉通常有较明显的界限，雾的厚度一般变化很大，有时很薄有时却很厚。根据雾的颜色分为白雾、灰雾、黄雾、红雾、黑雾等。

白雾又称白花。特点是从内部向外部过渡的一种灰白色的杂质，半透明状态。当翡翠的质地较粗且透明度不好时，有雾的地方透明度会明显提高，为带有灰白色的半透明状且不均匀。当翡翠的质地较细且透明度好时，有雾的地方透明度会明显降低，如果有绿色也会被部分遮盖掉。即行内的"白花盖顶"，影响翡翠的价值。

灰雾又称水浸。有人认为是翡翠当中的铁质被排挤到接近外皮时停留下来而形成。带有明显的灰色，与皮和肉有明显的界限，透明度一般较好。是翡翠当中的一种油青。

红雾和黄雾是一种红翡和黄翡。是翡翠当中的氧化铁被排挤到次外层或是外界的

氧化铁进入到次外层而形成，一般质地较细，透明度较好，耐久性也好，不易褪色。好的红翡、黄翡就是这种红雾和黄雾。

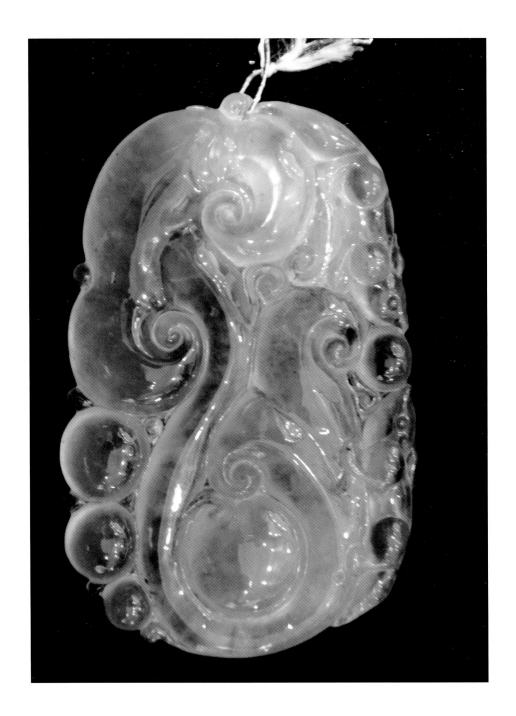

　　黑雾是一种黑色的杂质。是翡翠当中的角闪石等黑色杂质被排挤到次外层而形成。黑雾是最差的雾，影响翡翠的品质，但是有时黑雾的内部可能有大面积的绿色。

第三节　　翡翠带皮料的外层特征

翡翠的外皮的粗细、绿色与内部种质及颜色没有必然的联系，一般变化比较大。但是外部特征也可间接地揭示着内部一些可能的种质及绿色的存在。这些特征有松花、蟒带、癣等。

松花

是指翡翠皮壳上绿色的表现，也就是翡翠内部或浅层绿色在皮壳表面的一种表现。

具有松花的外皮，砂粒一般表现为绿色，当砂粒大时肉眼可见到松花，当砂粒细小时须用放大镜观察。松花越多越密越好，颜色越鲜艳越好。一般外皮松花少，内部往往绿色叶少，无松花则内部可能无颜色。也有外皮无松花的内部却有绿色，这是因为由于风化层过厚或者次外层雾过厚影响绿色出不来。当松花遍布整个皮上时则内部绿色可能很多。当松花在一边出现时可能是"靠皮绿"。当松花呈带子状时可能出现"根色"。

蟒带

蟒带是翡翠外皮凸起的带状结构，有时与颜色有关，有时与颜色无关。它与玉质的质地有关，质地相对越好蟒带越明显，蟒带的表现有时很明显，有时若隐若现。若出现绿色的凸起的蟒带，说明这里的玉质较周围的玉质结构更紧密，水头更佳，即"龙到处有水"可能出现绿色的根。若无绿色且下凹，说明此处玉质差，可能无绿色。

若蟒带出现白色、灰色等，此处一般没有绿色。若出现黑色可能是杂志多而无绿色，也可能无杂质而出现绿色即"绿随黑走"，若蟒带上出现松花则一般可能出现绿色的根。

癣

癣是角闪石在外皮上的表现。癣的种类很多，根据颜色可以分为绿癣、灰癣和黑癣等，颜色一般较暗。根据形态可以分为直癣、横癣、马牙癣等。

一方面"绿随黑走"，有癣可能有绿色，也可能没有绿色。是否有绿色要根据癣形态和颜色具体分析。另一方面癣对绿色也有破坏作用，即"黑吃绿"，癣太多或颜色较暗等可能只有黑色而无绿色，还可能尽管有绿色，但是黑色太多使得绿色呈现不出来。

第四节 翡翠的"绺裂"

翡翠的绺裂对玉石的利用带来很大的危害。绺裂可细分为绺和裂。

裂

裂就是裂隙。是指由于地质力的作用在翡翠中形成的裂开状纹理。按它的形成原因可分为原生裂隙和次生裂隙。

原生裂隙是翡翠在形成时由于地质作用形成的裂隙。可分为裂隙和晶隙两类。

次生裂隙是翡翠形成以后由于温差变化等产生的裂隙或者是在开采、搬运和加工过程中产生的裂隙。其内部一般没有矿物质充填，也没有胶结的过程，严重影响翡翠的耐久性。

裂隙

裂隙是未被胶结的原生裂隙，裂隙内部常常有矿物质充填，一般充填物多为深色；影响翡翠的耐久性。当裂隙外露时，用手指甲刮动时能感觉到裂隙的存在，放大镜可见。

晶隙

晶隙是翡翠矿物结晶颗粒之间形成的微小的蛛网状间隙，明显的肉眼透光下可见，很小时放大镜可见。对翡翠的耐久性有一定的影响。质地越粗晶隙越大，质地越细晶隙越小。所以质地越细的翡翠耐久性越好。

绺

绺是指愈合裂隙即是被胶结的裂隙。其内部经常有浅色包裹体存在，少量的绺对翡翠的耐久性没有多大的影响，但是绺过多的话一定有没有愈合的裂存在，所以绺多了等同于裂。即是行内所说的"石纹""石筋"等。

玉纹

玉纹是翡翠的生长结构。是由于翡翠的长柱状晶体往往定向排列而形成的纹理。

第五节　翡翠的加工基地及贸易

一、翡翠常见的雕刻纹饰

1. 如来：即如来佛，是万佛之祖。有通天彻地的本领。

2. 达摩：达摩面壁九年修行，有"面壁九年成正果，风风火火渡江来"的说法。是中国禅宗的初祖。

3. 佛：佛可保佑平安，寓意有福（佛）相伴。常取材于大肚弥勒佛造型，是解脱烦恼的化身——开口便笑，笑，天下可笑之人；大肚能容，容，天下难容之事。常有笑口常开，知足常乐，常乐佛，笑弥勒等说法，元宝佛尊。伏虎神佛，经常手上托有蝙蝠。还有人们常说托你的福，这里可以引申为托佛的福，还可用来消灾解难。

4. 观音：观音慈悲普渡众生，是救苦救难的化身。常有慈悲观音、南海观音、东海观音、净瓶观音、讼经观音、滴水观音、送子观音说法、佑安康观音、保平安观音、观音赐福，可以保平安吉祥的意思。

5. 罗汉：有十八罗汉、一百零八罗汉造型。均是驱邪镇恶的护身神灵。

6. 八仙：八仙过海各显其能，八仙庆寿。八仙是指张果老、吕洞宾、韩湘子、何仙姑、李铁拐、钟离、曹国舅、蓝采和。有时用八仙持的神物法器寓意八仙或八宝。八种法器是葫芦、扇子、鱼鼓、花篮、阴阳板、横笛、荷花、宝剑。

7. 财神：招财进宝之意，或者叫天降财神。

8. 寿星老：寓意长寿，寿星高照。

9. 刘海：与铜钱或蟾一起寓意刘海戏金蟾或叫仙童献宝。刘海每戏一次金蟾，金蟾就吐一个钱币，故有招财的说法。

10. 东方朔与桃子：传说东方朔偷仙桃活到一万八，代表长寿的意思。

11. 天使：丘比特一箭钟情。

12. 貔貅、金蟾：这两件宝贝是招财辟邪的灵兽。金蟾是只有在玉器雕刻上才有的题材，他是三脚的蟾蜍，因其有吐钱的本事，故而成为招财的本领，含有钱的金蟾在摆放时就嘴冲屋内，不含钱的金蟾就冲屋外。貔貅传说是龙王的第九个儿子，因其光吃不拉的特点，所以可以纳财。在汉书"西域传"上有一段记载："乌戈山离国有桃拔、狮子、尿牛"。孟康注日："桃拔，一日符拔，似鹿尾长，独角者称为天鹿，两角者称为辟邪。"辟邪便是貔貅了。它的主食是金银财宝，自然浑身宝气，因此深得玉皇大帝与龙王的宠爱。不过，吃多了要拉肚子。有一天，忍不住而随地便溺，惹玉皇大帝生气了，一巴掌打下去，结果打到屁股，屁眼就被封住了。从此，金银财宝只进不出。这个典故传开来之后，貔貅就被视为招财进宝的祥兽了。貔貅的习性懒懒地喜欢睡觉，每天最好把他拿起来摸一摸，玩一玩，好象要叫醒他一样，财运就会跟着来。据记载，貔貅是一种猛兽，为古代五大瑞兽之一（龙、凤、龟、麒麟、貔貅），称为招财神兽。貔貅曾为古代两种氏族的图腾。传说帮助炎黄二帝作战有功，被赐封为"天禄兽"，即天赐福禄之意。它专为帝王守护财宝，称为"帝宝"。又因貔貅喜食猛兽邪灵，故又称"辟邪"。中国古代风水学者认为貔貅是转祸为祥的吉瑞之兽。貔貅有二十六种造型，七七四十九个化身，其口大、腹大、无肛门，只吃不拉，象征揽八方之财，只进不出，同时可以镇宅辟邪，专为主人聚财掌权。古贤认为，命是注定的，但运程可以改变，故民间有"一摸貔貅运程旺盛，再摸貔貅财运滚滚，三摸貔貅平步青云"的美好祝愿。好的词语有——招财貔貅、金钱貔貅、左右逢缘、左进财右进财（雕刻2只环绕的貔貅）、貔貅理财、只进不出。

[补充说明]

象征吉祥的中国四大瑞兽：青龙、白虎、朱雀、玄武。仙鹤象征长寿，孔雀是美丽的象征。麟、凤、龟、龙是四灵兽，古人对"四灵"的神性，还有过解释，认为"麟体信厚，凤知治乱，龟兆吉凶恶，龙能变化，龙生九子"，貔貅（pi xiu) 是龙第九个孩子。大嘴无肛，只进不出。所以有着招财、守财之意。

另外，关于龙生九子的传说，还有其他的8个龙子在这里也稍做介绍。

大儿子：毕喜，好负重。在各地的宫殿、祠堂、陵墓中，均可见其背负石碑的样子。在众多龙子的传说中他通常是长子。

二儿子：螭吻（chi wen），好张望。常被安排在建筑物的屋脊上，做张口吞脊状，并有一剑固定之。

三儿子：蒲牢，好音乐，好吼叫。古代乐器编钟顶上，就用它来装饰。寺庙大钟的钟表钮上也可见其身影。

四儿子：狴犴（bi an），掌管刑狱。常被安在死囚牢的门楣上。形似虎，故又有虎头牢之称。

五儿子：狻猊（suan ni），身有佛性，喜好香火，于香炉上可见。为文殊菩萨的坐骑。

六儿子：饕餮（tao tie），好吃，贪食。夏商时期出土的青铜上常见饕餮纹，为有首无身的狰狞怪兽。

七儿子：睚眦（ya zi），性情凶残易怒，喜欢争杀。民间俗语"睚眦必报"，所言即为此物。通常在武器的柄上可见，以增杀气。

八儿子:淑图,形似螺蚌,性情温顺,略有自卑。所以将其安排在门上,衔着门环,免得宵小光顾。

九儿子：貔貅

13. 凤：祥瑞的化身,与太阳梧桐一起寓意丹凤朝阳,或者叫凤舞九天。

14. 蟾：蟾与钱谐音,常见蟾口中衔铜钱,寓意富贵有钱。与桂树一起寓意蟾宫折桂。常有三脚蟾与四脚蟾之造型。腰缠万贯,常常如意,常常有钱（雕刻蟾与如意或者金钱）。

15. 狮子：表示勇敢,两个狮子寓意事事如意。一大一小狮子寓意太师少师,意即位高权重。和如意一起叫事事如意。

16. 仙鹤：寓意延年益寿。鹤有一品鸟之称,又意一品当朝或高升一品。与松树一起寓意松鹤延年。与鹿和梧桐寓意鹤鹿同春。

17. 麒麟:麒麟送子或者麒麟送瑞或者麒麟送福。祥瑞兽,只在太平盛世出现。（麒麟献书：孔子救麒麟得天书、努力学习终成圣人）。

18. 蝙蝠：寓意福到。五个福寓意五福临门。和铜钱在一起寓意福在眼前。与日出或海浪一起寓意福如东海。说法有：有福相伴、福来相伴、祝福（竹子和蝙蝠或者猪和蝙蝠）更有护身符（蝠）。

19. 鲤鱼：鲤鱼跳龙门。古代传说黄河鲤鱼跳过龙门,就会变化成龙。比喻中举、升官等飞黄腾达之事。也比喻逆流前进。龙头鱼（鳌鱼）,鱼化龙寓意独占鳌头,平步青云、飞黄腾达（还可以是飞行动物雕刻为黄色,还雕刻有藤）。

20. 螭龙：传说中没有角的龙,又叫螭虎（智龙）。

21. 龟：平安龟或长寿龟。取福寿归(龟),与鹤一起寓意龟鹤同寿。带角神龟即长寿龟。龟也代表了坚定,或者富甲天下。

22. 虾：弯弯顺,平步青云,步步高升。

23. 大象：寓意吉祥或喜象。与瓶一起寓意太平有象。

24. 金鱼：寓意金玉满堂。金鱼的眼睛如果为圆滚滚的也可叫财源滚滚。

25. 雄鸡：吉（鸡）祥如意,常带五只小鸡寓意五子登科。官上加官（公鸡有鸡冠）。

26. 螃蟹、甲壳虫：富甲天下,发横财或者八方来财。

27. 蜘蛛：知足常乐。

28. 鳌鱼：龙头鱼身,是鲤鱼误吞龙珠而变成,化龙后要升天又可叫平步青云。寓意独占鳌头。

29. 鹌鹑：平安如意。和菊花、落叶一起寓意安居乐业。

30. 獾子：寓意欢欢喜喜。

31. 喜鹊：两只喜鹊寓意双喜,和獾子一起寓意欢喜。和豹子一起寓意报喜（和竹子也可以因为有竹报平安的说法）。喜鹊和莲在一起寓意喜得连科。

32. 驯鹿：福禄之意。与官人一起寓意加官受禄。

33. 海螺：扭转乾坤。

34. 壁虎：必定幸福。

35. 青蛙：呱呱来财（青蛙的叫声呱呱）。

36. 蝉：一鸣惊人。常常如意：（雕刻蝉或者金蟾与如意）。大多儿童佩带的多，寓意"聪明"。

37. 熊、鹰：与鹰一起寓意英雄斗志或者英雄得利，英雄如意（增加一个如意）；英雄本色。

38. 瓜果：（瓜瓜来财）两个瓜：就当它是木瓜 所以叫和睦（木）生财。

39. 鼠：代表了顽强生命力，鼠聚财的本领也是数一数二（雕刻两只老鼠适合读书的）的。和钱在一起，代表数钱。如果有个窝，就数钱进家。还有老鼠爱大米等。鼠在传说中是财神的帮手，帮助财神数（鼠）钱，所以很多人喜欢鼠的题材。

40. 牛：牛市冲天。

41. 虎：猛虎下山，虎虎生威，虎啸南山，有上山虎奔仕途，下山虎取钱的意思。

42. 兔：玉兔呈祥，前途（兔）似锦，扬眉（兔）吐气，好事成双。

43. 龙：祥瑞的化身，与凤一起寓意成双成对或龙凤呈祥。玉龙献瑞，平步青云或者龙腾四海或者行运一条龙，或者护身神龙。

44. 蛇：灵蛇之珠"比喻非凡的才能，灵蛇纳福。

45. 马：马上发财、马上如意、马上有钱等。还有就是马背上有元宝、如意、钱等。还有天马行空、一马平川等比较有气势的词语，喻才思豪放飘逸，还有龙马精神。

46. 羊：洋洋得意、三羊开泰，样样得意，样样如意（雕刻有如意）。

47. 猴：侯，封侯即高升之意。

48. 鸡：金鸡报晓，闻鸡起舞，金鸡独立，机（鸡）不可失。

49. 狗：全（犬）年兴旺，旺财（出自周星驰的唐伯虎点秋香，流行得很泛滥），狗年汪汪（旺旺），一丝不苟（狗），百业兴旺。

50. 猪：猪年有福，猪年大吉，猪抱着"福"字也可叫祝福，雕刻有如意：（猪）诸事如意。

51. 梅花：和喜鹊在一起寓意喜上眉梢，与松竹梅一起寓意岁寒三友。两只喜鹊：双喜临门，喜上加喜。

52. 兰花：与桂花一起寓意兰桂齐芳，即子孙优秀的意思，兰花也象征了品性高洁。

53. 竹子：平安竹，富贵竹。竹报平安或节节高升。与蝙蝠一起：祝福。

54. 百合：百年好合。与藕一块称之为"佳偶天成、百年好合"。

55. 莲荷：寓意出淤泥而不然；与梅花一起寓意和和美美；和鲤鱼一起寓意连年有余；和桂花一起连生贵子。一对莲蓬寓意并蒂同心。

56. 葡萄：因葡萄结实累累，用来比喻丰收，象征为人事业及各方面都成功。

57. 柿子：事事如意。

58. 兰豆：又名荷兰豆，果实饱满，与荷包、钱包谐音，象征荷包一生饱满。

59. 石榴：榴开百子，多子多福。

60. 牡丹：富贵牡丹，与瓶子一起寓意富贵平安。

61. 葫芦：福禄之意。有福有禄，福禄双寿（增加两只小兽）。

62. 佛手：福寿之意，一生相守。

63. 豆角：四季发财豆，四季平安豆，也称之为福豆。据说寺庙中常以豆角为佳肴，和尚称其为"佛豆"。有 3 个圆圈，叫连中三元，或者四季平安豆。

64. 菱角：寓意伶俐，和葱在一起寓意聪明伶俐。

65. 麦穗：岁岁平安。

66. 寿桃：长寿祝福。

67. 花生：俗称（长生果），长生不老之意。还有生生不息等又有开心果的说法。

68. 树叶：事业有成。

69. 碗豆：日进万斗。

70. 缠枝莲：寓意富贵缠身。

71. 笋如果有绿色：出类拔萃（翠）。

72. 荷花荷叶：和和美美。

73. 桃子：长寿。

74. 扇子：扶摇直上（扇），李白的诗句，扶摇直上九千里，用于现在比喻当官一直步步高升。

75. 鹤：赫赫有名。

76. 鞋子：白头（鞋）偕老。俩只拖鞋：拍拖。

77. 风筝：寓意青云直上或春风得意。

78. 平安扣：平平安安。

79. 路路通：各路畅通。

80. 路路通：又叫财源滚滚。

81. 宝瓶：或花瓶，寓意平安。与鹌鹑和如意在一起寓意平安如意。与钟铃一起寓意众生平安。

82. 百鸟图：寓意百鸟朝凤。

83. "福寿"雕蝙蝠（福）、寿桃（寿）或者"福寿绵绵"更好听。

84. "福在眼前"雕蝙蝠（福）、金钱（前）或者（有孔古钱）。

85. 福从天降：顶头雕蝙蝠。

86. 福至心灵：雕灵芝如意（灵），蝙蝠（福）或者图案为蝙蝠、寿桃、灵芝。

87. 福禄寿：雕葫芦（福禄）、小兽（寿），葫芦、玉米、石榴、葡萄，因为它们内含多粒的形象，被取寓意为"多子多福"，玉米在南方还有个寓意为"一鸣惊人"，还可以雕刻蝙蝠、鹿、桃子。

88. 翡翠辣椒：寓意红红火火。

89. 马上封侯：雕一马（马）、一猴（侯），诸侯万代——雕刻猪与猴子。

90. 代代封侯：雕俩只猴。

91. 连年有余：雕荷叶（莲）、鲤鱼（余），有的还有童子骑在鲤鱼上；有的是雕鲶鱼，取其意"年年有鱼""吉庆有余"，金钱有余，（雕刻有金钱）游刃有余（鱼），如鱼得水（今多以形容朋友或夫妻情感融洽）用以比喻所处环境，能称心如意。年年有钱（雕刻金钱和莲）。

92. 双獾：雕两只首尾相连的獾（欢）獾：据称獾是动物界中最忠实于对方的生灵，如果一方走散或是死亡，另一只会终生都在等待对方，决不移情别恋，因此在我国有雕双獾做为夫妻定情之物的说法[雕两只首尾相连的獾（欢）]。另有欢天喜地、欢欢喜喜、合家欢等。

93. 猕猴献寿或者灵猴祝寿：雕寿桃、小猴，还可以叫一生为侯（适合当官的），一般叫灵猴就可以百姓，如果雕刻有红翡蝙蝠和齐天大圣则称鸿福齐天。

94. 喜上眉梢：图案为梅花枝头有两只喜鹊或者一只等或者俩只喜鹊叫双喜临门。

95. 龙凤呈祥：图案为一龙一凤，天生一对，龙飞凤舞。

96. 双龙戏珠：图案为两龙头相对一火球或珠，看情况有时候可以叫双龙献瑞、玉龙献瑞、平步青云或者龙腾四海（因为双龙戏珠太平常了）。

龙：也可以叫平步青云或者龙腾四海或者行运一条龙、龙行天下。

凤：也可叫凤舞九天，或者丹凤朝阳（比喻出人才），或者凤出牡丹，浴火凤凰，盼女成凤。

97. 流云百福：图案为云纹与蝙蝠。

98. 必定如意：图案为毛笔，银锭和如意。

99. 福从天降：图案为一活泼可爱的胖娃娃正伸手抓一个快到手的飞蝙蝠，或者蝙蝠从高处飞下来。

100. 大业易成：叶子上面雕刻有蜥蜴（易——蜴。业——叶）。

101. 群仙祝寿：图案为许多神仙为王母祝寿的场面。

102. 子孙万代：雕葫芦、花叶、蔓枝，取葫芦内多籽，蔓与万谐音之意。

103. 岁寒三友：雕松、竹、梅，寓意患难挚友。松、竹、梅有"雕有竹节还寓意步步高升，学业有成"之意。

104. 人生如意：雕刻人参与如意。

105. 竹子：节节高、步步高升（适合当官的与希望升职的人），学业有成。

    竹报平安：（有平安竹的说法）雕翠竹和鞭炮。

106. 三星高照：图案为三个老神仙。

107. 金非昔比：金蟾与蜥蜴。

108. 鹤鹿同春：图案为一鹤一鹿与松树。

109. 福禄寿喜：图案为蝙蝠、鹿、桃、"喜"字。

110. 福寿双全：图案为蝙蝠一、寿桃一（动物也可以，同"兽"音一样）、古钱二。

111. 松鹤延年：图案为仙鹤与松树。

112. 龟鹤齐龄：图案为一龟一鹤。

113. 多福多寿：图案为一枝仙桃，数只蝙蝠。

114. 福寿三多：图案为一蝙蝠一石榴（或莲）。

115. 五福拱寿：图案为五只蝙蝠围者一只仙桃或一个寿字。或者称五福临门。

116. 寿比南山：图案为山水松树或海水青山。

117. 长命百岁：图案为一雄鸡伸颈长鸣。

118. 长命富贵：图案为雄鸡伸颈长（鸣）和一支牡丹花（牡丹花开 花开富贵）

119. 一路平安：图案为鹭鸶、瓶和鹌鹑各一。

120. 岁岁平安：图案为麦穗、瓶、鹌鹑。 岁岁有钱：玉米和钱币（玉米原来是有穗的）。

121. 平安如意：图案为瓶、鹌鹑、如意各一。

122. 事事如意：图案为柿子，如意。

123. 连生贵子:图案为荷花（莲）中有一小孩（子）。年年有钱（雕刻莲和金钱）。

124. 诸是遂心：图案为几个柿子，桃子。

125. 流传百子：图案为一开嘴石榴或子孙葫芦葡萄。

126. 万象升平：图案为一大象身上刻有瓶子。

127. 麒麟送子：图案为一祥瑞麒麟背上有一小孩。

128. 报喜图：图案为一豹一喜鹊。

129. 喜报三元：图案为喜鹊加桂圆或元宝三件。

130. 马上封侯：图案为马背上有一蜂一猴。

131. 八仙过海：图案为八个神仙各持法宝在波涛汹涌的大海上各显法力。

132. 五子登科：雕刻五只鸡。

133. 花好月圆：图案为牡丹花和月亮，其实只要有花和月亮就可以。

134. 君子之交：图案为灵芝和兰草。

135. 一品清廉：图案为一茎莲花或一茎荷叶。

136. 枯木逢春：玉石雕刻成朽木和新芽。

137. 望子成龙：一大一小两条龙或鲤鱼跳龙门、龙头鱼等皆为此意。
有时候图案为耗子和龙。

138. 踏雪寻梅：雪景、梅花、人物（引申为寻找意中人）。

139. 仙山对弈：图案为山野中老者对弈。

140. 犀牛望月：寓意翘首企盼。

141. 指日高升：图案为鹤高飞、日出，官人指太阳。

142. 状元及第：常以童子骑龙图表示。

143. 连中三元：常用荔枝、桂圆、核桃表示连中三元，即解元、会元、状元。
或者雕刻福豆（有 3 个圆圈）。

144. 官上加官：鸡冠花上站蝈蝈或雕刻雄鸡和鸡冠花。或者有动物头顶有冠就
叫加冠受（兽）禄（元宝或者钱币就代表禄）。

145. 苏武牧羊：苏武荒原牧羊十九年，始终威武不屈、正义凛然，表现出崇高
的民族气节。

146. 文姬归汉：塞外的荒凉，一代风流才女欲去还休那难舍难分的历史瞬间，
被定格在那如泣如诉的"胡笳十八拍"的幽咽中。

147. 昭君出塞：传说王昭君是天上的仙女，来平息汉匈长年的战乱。
昭君的下嫁在北方草原出现久违的太平盛世。

148. 鸿（红）运当头：雕刻在翡翠上方有红翡。

149. 鸿（红）运相伴：雕刻翡翠旁边有红翡。

150. 蝙蝠：蝠字与福字谐音，代表福气；五福代表：福、禄、寿、喜、财。

151. 白菜：说到玉就应该首先想到玉器雕刻中最多见的白菜，他寓意为"摆财"，
多多发财的意思。还有瓜类的：瓜瓜来财。

（摘录于网络，仅供参考）

二、翡翠的产地及矿坑

缅甸是世界上惟一出产宝石级翡翠的国家。翡翠矿区位于北部密支那地区，在克钦邦西部与实皆省交界线一带，亦即沿乌龙江上游向中游呈北东—南西向延伸。 长约 250 公里，宽约 60~70 公里，面积约 3000 平方公里。

缅甸翡翠矿床可分为两大类：原生矿床和次生矿床。

缅甸翡翠原生矿床主要分布在 3 个地区，即雷打场区和龙肯场区的西部和北部。

次生矿床主要为次生砂矿床，分为沿乌龙江河床的河滩沉积。主要有帕敢场区、龙肯场区、香洞场区、达木坎场区、会卡场区、后江场区、雷打场区等。

三、翡翠的加工集散地

1. 云南腾冲

腾冲是最早的翡翠加工集散地，自清代中期就有翡翠加工和贸易，现有翡翠加工及商铺百家。

2. 云南瑞丽

瑞丽翡翠市场有市中心的珠宝步行街、新东方珠宝城、华丰综合市场、姐告玉器城等。商铺有几百家，大小加工厂百余家，贸易兴隆。

3. 广州华林玉器城

华林玉器街位于广州市中心，是全国有名的玉器珠宝销售集散地之一。市场内有几千家商铺。其中有华林玉器大楼、华林新街、华林寺等。

4. 广东四会玉器街

四会距距广州大约80公里。四会目前拥有玉器商铺近千家，加工厂大约3、4百家。四会玉器以中低档产品为主，有翡翠挂件、手镯、翡翠摆件等。

5. 广东平洲玉器

目前平洲玉器街道约有玉器商铺及加工厂1000多家，主要玉器有手镯、挂件摆件等。

6. 广东揭阳玉器

位于揭阳市区边缘的阳美村，距广州400多公里，全村共有大小玉器加工及商铺四百多家，是规模较小的一个加工销售基地，但专营高档翡翠。

7. 北京的五寰，位于北京城区中心的新街口。大小商铺百余家，经营高中低档翡翠，多数批发兼零售。

8. 上海城隍庙，位于上海的黄浦区，大小商铺近百家，批发兼零售，高中低档翡翠都有。

四、翡翠的常见俗语

坐水：是指翡翠平放时就有水透出来，指翡翠种好。一般颜色不够浓郁但是水多，如绿水种翡翠或玻璃种、冰种翡翠。

罩水：是指翡翠在悬空时才能透出水来，地子较干。一般是颜色较浓但是不透明的翡翠，如干青等。

晴：为放晴，即通透之意，

底障：翡翠内无翠绿色集中的部分称为底障，底障色有白、灰、蓝、淡绿、暗绿、紫色和黑色等。

水口：在带皮的原料上切开的窗口。

放水：翡翠经过软抛光使之显示出水分称为放水。

雀之灵

老坑种翡翠戒指，种色俱佳，圆润的蛋面搭配设计的巧思恰似孔雀翠羽华裳，带着生命的热烈在指尖尽情绽放

2012年市场参考价：35万元
尺寸：11X10X5 mm

重生

冰地花青种翡翠挂件，葱茏
翠色中，一只蝴蝶破茧而
出，蹁跹欲舞，那是蜕变后
的完美，生命的抗争，带来
充满感动的喜悦新生。

2012年市场参考价：130万元
尺寸：50X25X9 mm

翠福绵绵——玻璃地老坑种福瓜

翡翠中最高档的品种，有色有
种，品质绝佳，颜色浓正阳
匀，四样俱美，质地为玻璃
地，色与地搭配完美，色依地
而晶莹通放，地因色而蕴溢生
机，娇翠欲滴，内敛光华，明
媚的色彩与含蓄有韵致的基底
造就出充满东方情调的至美传
奇。市场价值1200万元。

尺寸：50X20X9 mm

思考题参考答案

思考题1

分析：

黄阳绿，颜色鲜艳且偏淡，内有部分细小白棉，颜色基本均匀。质地部分为冰豆，部分为糯化地，雕工一般。

年价，及浓、正、阳、匀、种、质、工、体、裂、净各项的评估分

180万元，65，70，70，80，60，60，70，61，70，75

评估价值＝180万元 ×065×0.70×0.70×0.80×0.60×0.60×0.70×61×0.70×0.75＝370万元

思考题2

分析：

颜色为浓阳绿，鲜艳且较均匀，质地为冰豆，感觉非常晶莹。雕工为一般的如意雕形，不见绺裂，偶尔可见细小石棉。

年价，及浓、正、阳、匀、种、质、工、体、裂、净各项的评估分

180万元，80，80，75，75，75，75，70，4.97，80，75

评估价值＝180万元 ×080×0.80×0.75×0.75×0.75×0.75×0.70×4.97×0.80×0.75＝76万元

思考题3

分析：

翠绿色老坑种,质地为冰地,雕工饱满,翠绿欲滴。不见绺裂,只有微小的棉絮。颜色均匀,透明度很好。

年价，及浓、正、阳、匀、种、质、工、体、裂、净各项的评估分

180万元，90，85，90，90，80，80，85，8.8，85，85

评估价值＝180万元 ×090×0.85×0.90×0.90×0.80×0.80×0.85×8.8×0.85×0.85＝380万元

[体积为 $(34×24×6÷1648)^2＝8.8$]

思考题4

分析：

浓阳绿，颜色较均匀，雕工饱满，线条优美。质地为冰地且部分为玻璃地。感觉非常晶莹艳丽，无绺裂，只有细小棉絮。

年价，及浓、正、阳、匀、种、质、工、体、裂、净各项的评估分

180万元，75，75，75，75，90，90，75，0.95，90，75

评估价值= 180 万元 ×0.75×0.75×0.75×0.75×0.90×0.90×0.75×0.95×0.90×0.75 = 22 万元

（体积为 29×13.5×4÷1648 = 0.95）

因此翡翠的体积为近一个标准戒面，所以其市场价值应该高于评估价值的 30% 左右。

22 万元 ×（1 + 30%）= 28.6 万元

思考题5

分析：

冰地到冰豆的质地，其上漂着黄阳绿的绿花，整体观察好像颜色很多，实际不然，绿色部分大约为四分之一左右。切工很饱满，不见绺裂，净度也很好。缺点是带有点灰色，明阳度稍差。

年价，及浓、正、阳、匀、种、质、工、体、裂、净各项的评估分

180 万元，70，70，60，25，75，75，90，1.90.，80，80

评估价值= 180 万元 ×0.70×0.70×0.60×0.25×0.75×0.75×0.90×1.90×0.80×0.80 = 8 万元

（体积为 28×16×7÷1648 = 1.9）

思考题6

分析：

颜色为浓阳绿且带有蓝色色调。质地为部分豆地部分为糯化地，雕形为如意，雕工尚可无缺陷，体积较大。由于质地较粗，白花较多但反差不大。

年价，及浓、正、阳、匀、种、质、工、体、裂、净各项的评估分

180 万元，75，60，65，20，45，45，70，12.8，55，65

评估价值= 180 万元 ×0.75×0.60×0.65×0.20×0.45×0.45×0.70×12.8×0.55×0.65 = 6.8 万元

（体积为 45×36×13÷1648 = 12.8）

思考题7

分析：

手镯质地为豆化地，其上带有大约为 35% 的绿色，颜色带有蓝色，椭圆型稍粗，有部分中小花，无绺裂。

当样品为手镯时，种水和质地两项在正常评价分数上各加 20%，即豆化地为 45% + 20% = 65%。

均匀度是在 1 的基础上加绿色面积的百分数，即 1 + 35% = 1.35。

年价，及浓、正、阳、匀、种、质、工、体、裂、净各项的评估分

180 万元，70，60，60，1.35，65，65，70，12.25，55，65

评估价值= 180 万元 ×0.70×0.60×0.60×1.35×0.65×0.65×0.70×12.25×0.55×0.65 ≈ 80 万元

思考题8

分析：

此佛为冰种翡翠，透明度非常好但是光泽一般，仅看透明度可谓高冰。部分细棉，切工较完美。

① 三角法

$1 \times 14 \div 2 = 7$

② 完美度

$7 - 2 = 5$（部分细小棉絮减 $7 \times 10\%$，光泽稍弱减 $7 \times 20\%$。即 $0.7 + 1.4 \approx 2$）

③ 特殊光学效应

$5 + 0 = 5$（无荧光、漂光、高光等）

④ 评估价值

$5 \times 7.86 \approx 40$ 万元

（体积为 $36 \times 30 \times 12 \div 1648 = 7.86$ 个标准戒面）

思考题9

分析：

玻璃种翡翠叶子，部分荧光较强，整体颜色较白。有少许白色棉絮。树叶饱满，但形态一般。

① 三角法

$1 \times 16 \div 2 = 8$

② 完美度

$8 - 1.2 = 6.8$（部分细小棉絮减 $8 \times 10\%$，切工一般减 $8 \times 10\%$。颜色较白加 $8 \times 5\%$，即 $-0.8 - 0.8 + 0.4 = -1.2$）

③ 特殊光学效应

$6.8 \times 1.5 = \approx 10$（部分荧光）

④ 评估价值

10 万元 $\times 1.4 = 14$ 万元

（体积为 $32 \times 18 \times 4 \div 1648 = 1.4$ 个标准戒面）

思考题10

分析：

粗豆种翡翠手镯，带有淡淡的浅底色，扁圆条径，部分棉絮较大，不见绺裂。光泽较弱。

① 三角法

$2 \times 4 \div 2 = 4$

② 完美度

$4 - 3.6 = 0.4$（部分棉絮减 $4 \times 30\%$，切工一般减 $4 \times 30\%$。光泽较弱减 $4 \times 30\%$，即 $-1.2 - 1.2 - 1.2 = -3.6$）

③ 特殊光学效应

$0.4 + 0 = 0.4$（无）

④ 评估价值

$0.4 \times 12 = 4.8$ 万元

（体积：粗豆种手镯相当于 12 个标准戒面）

注：还要考虑有无颜色及多少。

思考题11

分析：

糯化地，浓阳绿雕牌，绿色中有点蓝色色调，较鲜艳，造型饱满，雕工一般。部分微小较多但反差不明显。不见绺裂。颜色占整体约 20%。

① 三角法

$6 \times 8 \div 2 = 24$

（浓阳绿为 6，糯化地为 8，2 为折半）

② 完美度

$24 - 8.4 = 15.6$

[雕工形态及工艺减 $24 \times 30\%$。微小花且反差不大，减 $24 \times 5\%$。即 $24 \times (-30\% - 5\%) \approx -8.4$]

③ 单个戒面

$15.6 \times 20\% \times 20\% = 0.624$

（第一个 20% 为颜色的面积的多少，第二个 20% 是颜色不匀也为百分之二十即是当原来 20% 面积的绿色分散开后其颜色的多少也就是浓度变为原来的 20%。

也就是把这个翡翠等效成整体颜色均匀的绿色，其浓度降低至原来的 20%）

④ 评估价值

$0.624 \times 14.2 = 8.86$ 万元

（体积为 $56 \times 38 \times 11 \div 1648 = 14.2$）

思考题12

分析：

淡蓝绿色的冰豆种翡翠，颜色基本较匀但有些灰色，内有极小瑕疵，雕工饱满圆润。

① 三角法

$3 \times 12 \div 2 = 18$（3 浅淡底色，12 冰地，2 折半）

② 完美度

$18 - 16.2 = 1.8$（不匀 $18 \times 30\%$，微暇 $18 \times 10\%$，颜色有点灰 $18 \times 30\%$，雕型 20%）

③ 特殊光学效应

$1.8 + 0 = 1.8$

④ 评估价值

$1.8 \times 3 = 5.4$ 万元（$3 = 31 \times 20 \times 8. \div 1648$）

思考题13

分析：

质地为豆化，黄翡的颜色约占整体的70%且由浅到深，雕型为一般的花件，形态较好。无绺无裂，有极细小的微暇。

① 三角法

$2 \times 6 \div 2 = 6$（浅底豆化地）

② 完美度

$6 - 1.8 = 4.2$（雕工 20%，微暇 10%）

$4.2 \times 70\% \times 70\% = 2$

③ 特殊光学效应

$2 + 0 = 2$（无特殊光学效应）

④ 评估价值

$2 \times 7 = 14$ 万元

参考文献：

1. 张蓓莉 . 系统宝石学 . 北京：地质出版社，2006

2. 杨鹏、李亚凡著 . 七彩云南翡翠 . 云南：云南美术出版社，2009

3. 欧阳秋眉、严军著 . 秋眉翡翠 . 上海：学林出版社，2005

4. 袁心强 . 翡翠宝石学 . 北京：中国地质大学出版社，2004

5. 张竹邦 . 勐拱翡翠 . 云南：云南人民出版社，2007

6. 谢宇编 . 翡翠收藏与投资 . 华龄出版社，2009

7. 中国宝石（部分章节）

8. 明空美玉

9. 古古翡翠

10. 承辉珠宝

11. 雅韵翠阁

12. 玉品兰亭

13. 翠皇后

摄影：张谦